수학에 강한 아이를 만드는
초등 수학 공부법

수학에 강한 아이를 만드는 초등 수학 공부법

현선경 지음

초등 수학 로드맵부터
문제집, 학원 선택,
공부 습관 개선까지

"초등 수학이
입시를 결정한다!"

아이를
옥스퍼드대학에 보낸

'엄마표 수학' 비법
대공개!

믹스커피
MIXCOFFEE

초등 수학이
입시를 좌우한다

이 책을 펼친 여러분은 아마도 자녀의 수학 성적에 고민이 있거나 효율적인 수학 공부법을 몰라 마음이 불안할 것입니다. 한편으론 '우리 아이가 정말 수학을 잘할 수 있을까?' 반신반의하며 벌써부터 자신감을 잃은 부모님도 계실 거예요. 그런 여러분의 마음을 백번 이해합니다. 저 역시 한 아이의 부모이기 때문입니다. 내 아이가 입시 전쟁에서 살아남아 원하는 꿈을 이뤄내면 좋겠다는 그 마음과 고민, 두려움을 저도 잘 이해합니다.

제가 교육계에 종사하고 있다 보니 출산 전에는 막연한 자신감이 있었습니다. 초등학교 시기에 쌓은 수학 실력이 입시를 좌우한다는 사실을 잘 알고 있었기에 당연히 저는 제 아이를 수학에 강한 아이, 숫자 앞에서 작아지지 않는 아이, 수학 성적에 발목 잡히지 않는 아이로 키울 생각이었습니다. 하지만 막상 출산 이후 아이의 미래에 관한 현실적인 고민과 대면하자 상황이 달라졌습니다.

'엄마표 수학이 정말 도움이 될까?' '조기교육 때문에 공부에 일찍 싫증을 느끼게 되는 건 아닐까?' '좋은 학군, 좋은 학원만 있으면 해결되는 문제 아닐까?' 수많은 고민이 머릿속을 헤집었습니다.

저는 제 아들이 가정에서의 전인(全人)교육을 통해 경제적 독립은 물론, 가치 있고 멋진 삶을 살 수 있게 되기를 바랐습니다. 그래서 다양한 경험을 바탕으로 공부도 잘하면 좋겠다는 마음에서 '엄마표 교육'을 실천하게 되었죠. 그런데 막상 맞부딪혀보니 "섣부른 조기교육은 좋지 않다." "자식 공부는 부모가 시키면 망친다." 등 여러 부정적인 이야기가 제 마음을 흔들었습니다. 갈등과 고민으로 무수한 밤을 지새웠습니다. 자녀교육과 수학 성적에 대해 고민하는 젊은 학부모들의 마음을 오늘

날 제가 100% 이해하고 공감하는 이유입니다.

어려움이 많았지만 엄마표 교육을 포기하지 않은 건 자식에 대한 사랑 때문이었습니다. 사랑의 힘으로 두려움을 뛰어넘어 용기를 갖고 엄마표 교육을 실천하자 놀라운 결과를 만들어냅니다(이런 부분을 열거하면 '자랑질'이라 여길까 망설여지기도 합니다. 하지만 어디까지나 엄마표 수학의 가능성과 놀라운 효능을 소개하기 위함입니다). 어릴 적 제 아이는 영어에는 재능이 있었지만 수학에서는 큰 두각을 드러내지 못했습니다. 저희 부부도 소위 '수학머리'가 뛰어난 부모는 아니었죠. 뺄셈을 가르치면 덧셈을 잊어버리고, 나눗셈을 배우면 곱셈을 까먹는 아들을 보며 '우리 애 적성이 이과는 아닌가 보다.' 하고 실망한 적도 있었어요.

그럼에도 포기하지 않았습니다. 엄마표 수학을 꾸준히 실천하자 제 아이는 수학의 매력에 흠뻑 빠졌고, 영재원에 합격하는가 하면, 초등학교 6학년 때는 딱 1년 준비한 KMO(한국수학올림피아드) 1차에 이어 2차 시험에서 금상을 수상합니다. 중학교 1학년 때는 대치동에서 공부한 선배들을 제치고 학교 대표로 수학경시대회에 나갔고, 세계 3대 학술지에 아들의 수학풀이가 3년 연속 게재되는가 하면, MAT 시험에서는 거의 만점에 가까운 점수를 얻습니다(참고로 옥스퍼드대학의 MAT 커트라인은 60점 정도입니다). 이후에는 교수님들의 찬사를 받으며 옥스퍼드대학 석사 과정까지 최고 성적으로 끝마치게 되죠.

물론 저와 제 아들이 계속 승승장구했던 것은 아닙니다. 사춘기와 가정 내 크고 작은 문제로 흔들리던 순간도 있었습니다. 당시에는 끝이 보이지 않는 긴 터널을 지나는 기분이었어요. 이 시기를 잘 견뎌내 우리 가정이 제대로 딛고 일어선다면, 더불어 아들도 잘 성장해준다면 사회에 도움이 될 수 있는 일을 하겠다며 매일 밤 간절히 기도했습니다. 시간이 흘러 다행히 저의 바람은 이뤄졌고, 저는 약속을 지키기 위해 유튜브 채널 '드림맘'을 오픈합니다. 아이를 어떻게 키워야 할지, 부모로서 공부는 어떻게 도와줘야 할지 혼란스럽고 걱정 많은 학부모님들께 진심 어린 조언과 도움을 드리고 싶었습니다.

그러다 유튜브만으로는 부족하다는 생각에 책을 쓰기 시작했습니다. 이 책은 제가 직접 현장에서 터득한 연구물이자, 아이를 위해 가정에서 실천할 수 있는 수학교육 비법서입니다. 수학교육, 더 나아가 자녀교육 문제로 고민거리가 가득한 학부모들을 돕기 위해 엄마표 수학을 실천한 여정과 그 과정에서 터득한 비법을 이 책 한 권에 모두 담았습니다.

혹여 부모인 여러분이 수학에 자신 없다고 해서 지레 겁먹을 필요는 없습니다. 실제로 주변에 '수학의 신' '수학영재'라 불리는 학생들의 부모를 보면, 부모 자신이 수학을 잘한다거나 해당 분야의 전문가인 경우는 드뭅니다. 그들은 그저 아이에게 맞는 공부 환경을 제공하고, 공부 방법을 연구하고 찾아주는 조력자의 역할을 잘해냈을 뿐입니다. 그러니 자신감을 가지세요.

끝으로 '초등 수학이 입시를 좌우한다'는 프롤로그의 주제를 여러분이 집중해서 다시 한번 보셨으면 좋겠어요. 요즘 영어는 절대평가인 등급제이다 보니 변별력이 많이 약해졌습니다. 난이도가 낮아진 상태라 과거에 비해 공부에 그다지 많은 시간을 쏟지 않아도 높은 등급을 받을 수 있습니다. 문제는 수학입니다. 수학이라는 과목은 공부에 가장 많은 시간이 소요되고, 자칫 성급하게 접근하면 중학교 2~3학년 때부터 '수포자(수학 포기자)'가 되기도 합니다. 초등학교 때부터 수학을 잘 잡아놓지 않으면 고등학교 때는 걷잡을 수 없는 악화일로를 걷게 될지 모릅니다.

입시라는 관문을 무사히 통과하기 위해서는 수학을 초등학교 때부터 잘 잡아둘 필요가 있습니다. 아이가 초등학교 고학년 혹은 중학생이라 해서 너무 늦었다고 생각하지 마세요. 아

수학에 강한 아이를 만드는 초등 수학 공부법

이마다 능력과 환경, 공부머리는 물론, 공부 속도 또한 천차만별이니까요. 차근차근 아이의 역량에 맞춰 그리고 꿈꾸는 대학과 미래를 고려해 다양한 공부 방법을 제시해드릴 테니 너무 염려하지 마시고 일단 이 책을 완독해보시길 바랍니다. 자녀에게 가장 잘 맞는 방법을 추려 엄마표 수학을 꾸준히 실천한다면 빠른 시일 내에 놀라운 효과를 체감하시게 될 것입니다.

학부모 여러분! 우리의 가장 큰 무기는 우리 아이가 잘되었으면 하는 깊은 열망과 열정입니다. 아이를 위한 열망과 열정, 사랑만큼은 그 누구에게도 뒤처지지 않을 것입니다. 방법만 알면, 방향만 잘 잡으면 아이가 포기하지 않도록 끝까지 믿고 밀어주실 분이 바로 여러분입니다. 아이가 선수라면 부모인 우리는 코치라고 생각해요. 선수가 아무리 뛰어나도 좋은 코치가 없으면 재능은 빛을 내지 못합니다. 물론 우리도 훈련이 필요합니다. 훈련을 통해 좋은 코치로 변신해서 아이가 최상의 컨디션으로 마음껏 능력을 발휘할 수 있도록 노력해봅시다. 여러분의 가슴 벅찬 미래를 드림맘이 응원하겠습니다.

현선경

속도보다 중요한 것은
방향이다

3장

엄마표 학습에서
답을 찾다

상위 1% 수학영재로
도약하기 위한 시크릿 노하우

4장

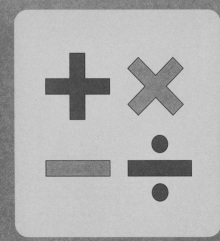

1장

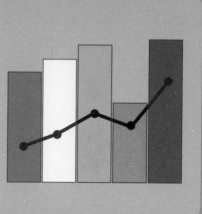

우리 아이가
'수포자'가 되는 이유

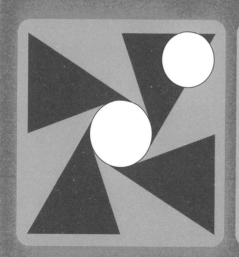

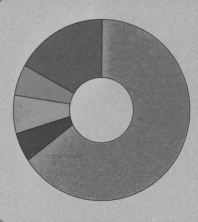

초등학교 우등생이
중고등학교에서 무너지는 이유

한국교육과정평가원이 발표한 '2023학년도 수능 채점 결과'에 따르면 표준점수 최고점은 국어 영역이 134점, 수학 영역은 145점이다. (…) 수학 영역의 경우 표준점수 최고점이 전년(147점) 대비 2점 떨어진 145점을 기록했다. 1등급 컷은 133점으로 전년(137점) 대비 4점 내렸다. 수학 표준점수가 높게 나타나면서 수학을 잘 본 수험생들이 유리할 것이라는 입시 전문가들의 분석이 나온다. 특히 상위권 변별력이 수학으로 가려진 만큼 자연계열 학생들이 유리한 상황으로 보인다.

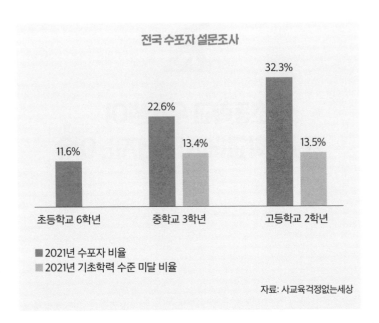

전국 수포자 설문조사

32.3%

22.6%

13.4%

11.6%

13.5%

초등학교 6학년　　　중학교 3학년　　　고등학교 2학년

■ 2021년 수포자 비율
■ 2021년 기초학력 수준 미달 비율

자료: 사교육걱정없는세상

　〈아시아경제〉 2022년 12월 9일 기사입니다. 최근 수능에서 수학이 상위권의 핵심 경쟁력으로 떠올랐다는 내용입니다. 입시업계에서는 수학에 강한 이과생들이 수능에서 유리해지는 구도가 갈수록 심화되고 있다고 이야기합니다. 즉 수학 실력이 입시를 좌우한다는 뜻인데요. 문제는 스스로 수학 공부를 포기한 이른바 '수포자'가 매년 빠르게 증가하고 있다는 것입니다.

　최근에는 수학의 기초를 다져야 하는 초등학교 때부터 수

수학에 강한 아이를 만드는 초등 수학 공부법

포자가 발생하고 있어 우려를 사고 있습니다. 교육시민단체 '사교육걱정없는세상'이 조사한 전국 수포자 설문조사에 따르면, 초중고 학생 3,707명 중 수포자는 초등학교 6학년의 경우 11.6%, 중학교 3학년의 경우 22.6%, 고등학교 2학년의 경우 32.3%에 달했습니다. 이는 2021년 한국교육과정평가원에서 발표한 수학 교과 기초학력 수준 미달 비율보다 중학교는 1.68배, 고등학교는 2.34배 높은 수준입니다.

🖊 수포자가 생기는 이유

학생들 사이에서 수포자가 생기는 원인은 무엇일까요? 실제로 주변을 보면 초등학교 때 우등생이었던 학생이 중고등학교에 가서 무너지는 경우를 쉽게 볼 수 있습니다. 그 이유는 크게 네 가지입니다.

첫 번째 이유는 '대입'이라는 큰 그림을 그리지 않고 별생각 없이 옆집 아이나 친구가 다니는 학원을 그냥 따라다녔기 때문입니다. 초등학교 교과과정까지는 어찌어찌 목표 없이 되는 대로 공부해도 성적이 나오지만 중고등학교 때는 다릅니다. 당연한 이야기지만 학년이 올라갈수록 시험 난이도도 높아지고, 공부에 써야 하는 시간도 비약적으로 증가합니다. 명확한 비전과 목표 없이 상위권을 유지하기 힘든 이유입니다.

두 번째 이유는 부모의 욕심으로 입시와 직접적으로 상관없는 불필요한 일에 너무 많은 시간을 소모했기 때문입니다. 전교회장 선거나 각종 경연대회, 경시대회 준비에 너무 많은 시간과 열정을 할애하면 정작 국영수와 같은 주요 과목 공부를 놓치게 될지 모릅니다. 자녀가 학교에서 돋보였으면 하는 좋은 마음은 알지만 기본에 충실할 필요가 있습니다. 부모의 욕심으로 이것저것 불필요한 일을 너무 많이 벌리면 자녀가 공부에 흥미를 잃을지도 몰라요.

세 번째 이유는 유명 학원의 소위 '톱(Top)반'에 목숨을 거는 경우입니다. 전형적인 주객이 전도된 상황인데요. 우리 아이가 공부를 하는 이유는 유명 학원 톱반에 들기 위해서가 아닙니다. 그런데 많은 학부모가 톱반에 목숨을 거는 실수를 저지릅니다. 대치동에 있는 각 과목별 유명 학원 테스트에 합격하기 위해 별도의 또 다른 학원과 과외를 병행하는 경우도 흔한데요. 실제로 톱반에 합격하면 "우리 아이 ○○학원 다녀~"

하고 으스대는 학부모가 많습니다. 물론 이것도 공부로 이룬 성과라면 성과입니다. 자부심을 느낀다고 해서 문제될 건 없겠죠. 그런데 이런 유명 학원이 지금의 입시체계와 크게 맞지 않는 형태라는 건 알고 계신가요?

과거와 달리 이제는 학원의 이름값이 중요하지 않습니다. 고가의 학원비를 자랑하는 대치동의 수많은 영어학원, 수학학원을 떠올려보세요. 이제는 국제학교나 해외 대학교에 진학할 학생이 아니라면 초등학교 때부터 영어에 그렇게 많은 비용과 시간을 들일 필요가 없습니다. 수학도 마찬가지입니다. 영재고가 목표가 아니라면 수학 단과학원에 천문학적인 돈을 들일 필요는 없습니다.

초등학교 자녀를 둔 부모들이 주변 시선 때문에, 그리고 학원가의 상술에 휘말려 유명 학원 톱반을 목표로 불철주야 노력하는 모습을 보면 안타까운 마음이 듭니다. 그릇된 열망은 대입과 다소 동떨어진, 그래서 학원비는 학원비대로 아깝고 고생은 고생대로 하는 비효율적인 학습으로 이어집니다.

"결과만 좋으면 된 거 아닌가요? 좋은 대학에 갈 수도 있잖아요." 하고 반문하실지 모릅니다. 유명 학원 톱반에 들어가면 보통 두 가지 문제가 발생하는데요. 하나는 이런 단과학원에 다닐 경우 한 과목의 학습량이 어마어마하다 보니 다른 과목을 공부할 시간이 거의 없다는 거예요. 두 번째는 아이를 쥐어짜는 숨 막히는 수업 분위기와 과중한 숙제량 때문에 겨우 초등학생인 아이가 공부에 완전히 흥미를 잃어 학습을 포기하는 일이 왕왕 발생한다는 것입니다.

초등학생 자녀를 둔 학부모가 이런 유혹에 쉽게 빠질 수밖에 없는 이유는 중고등학교에 대한 막연한 두려움 때문입니다. 혹여 중고등학교에서 우리 아이가 뒤처질지 모른다는 우려와 걱정 때문에 유명 학원에 아이를 밀어 넣는 것이죠. 또 내 아이가 남들은 쉽게 가지 못하는 최상위반에 다닌다는 것만으로도 다른 학부모들에게 엄청난 부러움을 사기 때문에 마치 명품을 걸친 것처럼 허영심에 빠지게 됩니다. 당연히 학원가는 그런 학부모들의 심리를 꿰고 있습니다. 학원을 고를 때는 신중해야 합니다(이 부분은 후술하겠습니다). 나중에 학년이 올라가면 아이만 고생시키고 헛돈만 썼다며 후회할지 몰라요.

아이의 '행복'이 우선이라는 양육의 가장 핵심 포인트를 망각했기 때문입니다. 평소에는 성적보다 행복이 우선이라고 입 아프게 말하다가 막상 중학교에 올라가면 돌변하는 부모들이 꽤 많습니다. 그러한 유형의 부모는 자녀가 중학교에 올라가면

수학에 강한 아이를 만드는 초등 수학 공부법

서 욕심만큼 성적이 나오지 않으면 "왜 이것밖에 못해?" 하는 거친 말을 일삼고, 아이는 초등학교 때와 달리 돌변한 부모를 보며 자존감이 급격히 떨어집니다.

사실 초등학교 때는 약간의 노력만으로도 돋보일 기회가 많아요. 조금만 공부하고 신경 쓰면 쉽게 높은 점수를 받습니다. 그러다 아무 준비가 안 된 상태에서 갑자기 난이도가 올라간 중학교 시험을 치르면 성적이 안 좋아질 수밖에 없죠. 누구나 시행착오를 겪습니다. 아이가 잠깐 넘어졌다고 해서 부모가 갑자기 태도를 돌변해 상처 주는 말을 한다면 아이 마음은 큰 상처를 받습니다.

물론 부모니까 실망할 수 있어요. 앞에서는 성적이 전부가 아니라며 괜찮다고 다독이더라도 내심 '우리 아이가 이 정도였나?' 하는 실망감이 드는 건 어쩔 수 없는 일이죠. 그럴 때는 무작정 비난하지 마시고 아이와 함께 대화를 나눠보는 것은 어떨까요? 어떤 부분이 어렵게 느껴졌고, 그중에 어떤 과목이 특히 힘든지 차근차근 대화를 나눠보세요. 부모가 자신을 믿고 존중하고 있다는 생각이 들면 아이 마음의 울타리도 커질 것입니다.

📝 입시는 마라톤, 초조해지지 말자

그럼 중고등학교 때를 대비해 초등학교 때는 무엇을 준비 해야 할까요?

첫 번째로 주요 과목, 특히 수학에서 기초를 탄탄히 쌓아야 해요. 중학교에 입학하면 대입을 위해 최소 6년간 긴 마라톤을 뛰게 됩니다. 특히 고등학교 때가 가장 시간이 없고 바쁠 때죠. 그때를 대비해 시간이 많이 소요되는 주요 과목, 즉 국영수를 가능한 한 미리 그리고 탄탄하게 준비해둘 필요가 있어요.

매스컴에서 '선행학습'에 대해 워낙 좋지 않게 다루고 있어서 이 부분을 언급하는 게 조심스럽긴 한데요. 주요 과목 중 특히 수학은 절대 단기간에 마스터할 수 없는 과목입니다. 중도에 포기를 가장 많이 하는 과목이기도 해서 '수포자'라는 말이 유행처럼 도는 것이죠. 고등학교 때 갑자기 빡세게 공부한다고 하루아침에 성적이 오르지 않습니다. 뒤늦게 공부해봐야 자신의 공부머리를 탓하며 자존감만 떨어집니다. 이 시기에 큰 절망감을 느끼고 자퇴나 휴학을 고려하는 친구도 생길 정도죠. 훗날 자녀가 방황하고 당황하는 일이 없도록 수학은 미리미리 준비해둘 필요가 있어요.

　두 번째로 스트레스를 지혜롭게 이겨내는 훈련이 필요합니다. 어릴 때는 너무 귀여워서 원하는 걸 다 들어주고 싶잖아요. 그렇게 오냐오냐 키우면 성장하면서 겪게 되는 힘든 일, 힘들어도 해야만 하는 일, 꼭 할 필요는 없지만 하면 좋은 일 등을 전부 회피하고 남에게만 의존하는 아이로 자라게 됩니다. 학업 스트레스도 이겨내지 못하고 자꾸 회피하려 들 거예요. 이뿐만 아니라 훗날 부모에게 경제력까지 전적으로 의존하는 캥거루족이나 니트족이 될 수도 있으니 주의가 필요해요. 자녀가 꽃길만 걷게 하고 싶은 부모의 마음은 충분히 이해되지만 어려움과 당당히 맞서 싸울 수 있는 내면이 단단한 아이로 길러야 합니다.

　심리학자 켈리 맥고니걸 박사는 스트레스가 자녀의 건강에 해로운 것이 아닌, 행복지수를 높이고 의지를 다지는 원동력이 될 수 있다며 "스트레스는 독이 아니라 오히려 약"이라고 이야기합니다. 스트레스 상황을 회피하거나 스트레스를 방치하는 것이 오히려 위험하다는 것인데요. 스트레스에 잘 대처하면 옥시토신 성분이 분비되어 발전에 도움을 준다고 해요. 학년이 올라갈수록 우리 아이들은 수많은 스트레스 상황과 직면할 것입니다. 마음 아프지만 스트레스 상황에서 지혜롭게 대처하는 힘을 키워주는 과정이 꼭 필요합니다. 그렇지 않으면 중고등학교 때 겪게 되는 스트레스를 이겨내지 못해 게임이나 스마트폰에 중독될 수 있어요.

세 번째로 체력을 키워야 합니다. 신체가 건강해야 정신도 건강하고, 체력이 튼튼해야 열심히 공부도 할 수 있는 거잖아요. 건강을 위해 운동 하나 정도는 하면 좋겠어요. 제 아이와 친구들은 농구를 많이 했는데 키 성장에도 도움이 되고, 적당히 땀을 흘리니 학업 집중력도 좋아지더라고요. 요즘에는 펜싱을 하는 친구들도 많은데요. 참고로 너무 격한 운동에 푹 빠지면 아이가 산만해질 수 있어요. 공부하는 데 방해되지 않는 선에서 적절히 체력을 키울 수 있는 운동을 선택하기 바랍니다.

학년이 올라 갈수록 머리싸움이 아닌 체력싸움이 됩니다. 그만큼 책상 앞에 앉아 공부하는 일은 에너지 소모가 많아요. 제 주변에 한 아이는 정말 머리가 똑똑한 수재임에도 불구하고 영재고의 엄청난 학업량을 견디지 못해 두 차례나 휴학을 하더라고요. 그만큼 학년이 올라갈수록 공부만큼 중요한 게 바로 체력입니다.

스스로 수학 공부를 포기한 이른바 '수포자'가 매년 빠르게 증가하고 있습니다. 아이가 수포자가 되지 않도록 초등학교 시기부터 신경 써서 관리할 필요가 있습니다. 중고등학교 때를 대비해 초등학교 시기에는 수학 기초를 탄탄히 쌓고, 스트레스를 이겨내는 훈련이 필요하며, 체력을 키워야 합니다.

초등 수학에 대한
오해와 진실

여섯 가지
오해와 진실

수학은 유독 '카더라'가 많은 분야입니다. 이번에는 초등 수학에 대한 오해와 진실에 대해 다뤄볼게요.

1. 수학은 암기과목이다?

종종 수학을 암기과목처럼 학습시키는 학부모가 계세요.

구구단을 암기하고, 연산 훈련에 많은 시간을 쓰고, 응용 없이 개념만 달달 외우게 하는 경우가 꽤 많습니다. 물론 수학도 일정 부분은 암기가 필요합니다. 하지만 근본적으로 '이해'와 '응용'을 바탕으로 하는 과목임을 인지하셔야 해요. 개념을 충분히 이해하고 문제를 풀어야 내 것으로 체화시킬 수 있어요. 이해 없는 암기만 반복하면 응용문제나 좀 더 심화된 문제를 풀어낼 수가 없습니다.

개념을 암기하고 연산 속도를 높인다면 점수를 올리는 데 도움은 되겠죠. 그러나 학년이 올라갈수록 한계에 봉착할 것입니다. 개념을 무작정 외운다거나 비슷한 문제를 기계적으로 풀어 통으로 암기하는 식의 학습은 아이로 하여금 수학에 대한 흥미를 떨어트릴 수 있어요. 수학의 핵심은 응용문제, 변형 문제입니다. 수학이 암기과목이 아니라는 점, 꼭 알아두셨으면 해요.

2. 반드시 심화문제를 풀어야 한다?

이것도 대표적인 오해인데요. 수학 실력은 아이들마다 천차만별입니다. 수학을 좋아하고 잘하는 아이라면 심화문제를 다루는 게 맞습니다. 어느 정도 수학에 흥미가 있는 아이라면,

고난이도 문제를 책상 앞이나 냉장고 등에 붙여두고 하루고 일주일이고 풀릴 때까지 고민해보는 훈련을 병행할 필요가 있어요. 심화문제를 푸는 과정은 수학을 이해하고 도전하는 힘으로 이어져 최상위권으로 도약하는 데 많은 도움이 됩니다. 문제는 기초가 부족한 아이들이에요. 아직 기초적인 문제도 풀지 못하는 아이한테 억지로 심화문제를 강요해서는 안 됩니다.

처음부터 심화문제를 척척 풀어내 단번에 수학 실력을 끌어올리면 좋겠지만, 기본 개념을 충분히 이해하지 못한 상태에서 심화문제를 접해서는 안 됩니다. 심화문제에 발목 잡혀 다음 단계로 나아가지 못한다 해서 좌절할 필요는 없어요. 진도가 제자리걸음이라면 다시 기본으로 돌아가야 합니다. 심화문제가 버겁다면 기본으로 돌아와 자기 학년의 진도를 복습하는 것도 한 방법입니다.

3. 선행학습은 좋지 않다?

무리한 선행학습은 당연히 좋지 않아요. 그러나 수학은 대입 과목 중 가장 많은 시간이 걸리는 과목입니다. 사전에 잘 준비하지 않으면 나중에 수학 성적 때문에 원하는 대학에 지원하지 못하는 일이 벌어집니다. 근거 없이 함부로 선행학습이

수학에 강한 아이를 만드는 초등 수학 공부법

나쁘다고 이야기하는 건 너무 무책임한 말이라고 생각합니다. 아이의 성향과 능력을 생각하지 않고 무리한 선행학습을 강요한다면 당연히 문제가 되겠죠. 수포자를 넘어 수학은 꼴도 보기 싫어하는 '수학 혐오자'가 될 수도 있어요. 그러니 부모의 의지대로, 욕심대로 끌고 가는 일은 절대 없어야 해요.

학년이 올라갈수록 난이도가 급격히 높아지고, 다른 과목들의 공부량도 늘어나다 보니 선행학습은 어느 정도 필요합니다. 나중에 수학에 많은 시간을 투자하기 힘든 상황이 오거든요. 그래서 아이가 충분히 할 수 있는 선에서 병행하는 선행학습은 일종의 비축식량 같은 거예요. 나중에 잠을 쪼개고 시간에 쫓기며 공부해도 너무 바쁜 고등학교 2~3학년 때 뒤늦게 진도를 나가면 얼마나 당황스럽겠어요. 그때를 대비해 시간이 많이 걸리는 수학을 중점적으로 공부해두면 나중에 큰 힘이 됩니다. 고학년 때 감당 못할 학업 스트레스를 줄이기 위해서라도 선행학습은 필요합니다.

저도 한때 방송에 나오는 전문가들의 이야기를 맹신한 적이 있어요. TV에 나오는 전문가들 대부분 선행학습을 나쁘게 이야기하더라고요. 그런데 현실은 다릅니다. 아이는 우리 부모가 지키는 거잖아요. 방송만 너무 맹신하지 마시고, 완벽하진 않더라도 아이에게 맞는 학습방법을 제공할 수 있도록 함께 노력해보자고요.

4. 오답노트는 반드시 만들어야 한다?

오답노트, 물론 잘 활용하면 좋습니다. 그런데 경우에 따라 오답노트를 만드는 게 효과적인 때도 있고 아닌 경우도 있어요. 만약 문제를 풀었는데 소량만 틀린다면 그때는 오답노트를 만들어 완벽하게 자기 것이 되도록 정리할 필요가 있습니다. 나중에 오답노트 위주로 훑어보면 시간도 절약되고 모르는 부분도 해결되니 효율적으로 공부하는 데 당연히 도움이 되죠. 반면 아이가 너무 많은 문제를 틀린다면 오답노트는 해악입니다. 오답노트를 정리하는 데 시간을 너무 허비하겠죠. 이때는 비슷한 수준의 문제집을 사서 다시 한번 차근차근 풀어볼 필요가 있어요. 어느 정도 이해가 되고 오답이 줄면 그때 오답노트를 만드는 게 좋습니다.

수학문제는 양이 많기 때문에 일일이 써서 정리하게 시키면 도중에 포기하는 경우가 많아요. 차라리 틀린 부분을 프린트해서 노트에 붙이는 식으로 정리하는 게 나을 수도 있어요. 시간은 줄고 핵심 내용을 파악하는 데도 무리가 없어서 효과

수학에 강한 아이를 만드는 초등 수학 공부법

적인 방법이었던 것 같아요. 평소에 오답노트 위주로 공부하다 1~2장으로 요약해서 시험 당일에 훑어보면 효과 만점이에요.

5. 영어는 돈, 수학은 머리?

영어 실력은 들이는 돈에 비례한다는 말, 들어보셨을 겁니다. 고가의 영어유치원이나 원어민과의 과외, 어학연수 등 아무래도 경제적으로 부담스러운 방법이 많다 보니 이런 이야기가 떠도는 것 같아요. 실제로 저희 집이 대치동으로 이사 갔을 때 반에서 반 이상이 해외파이거나 어학연수 경험이 있더라고요. 요즘은 비대면 학습이 확대되고 수능에서 영어의 비중이 다소 낮아져 줄어든 경향은 있지만, 그래도 '영어=돈'이라는 인식은 여전한 것 같습니다.

그런데 수학은 달라요. 주요 수학경시대회 금상 수상자는 보통 목동, 강북 출신이 많아요. 수학은 경제적 부담보다는 시간과 노력이 많이 필요한 과목이라는 생각이 들었습니다. 저희 아이는 강북에서 수학을 배우다 KMO 2차를 대비하기 위해 대치로 이사 간 경우인데요. IMO(국제수학올림피아드)를 석권한 다른 친구들도 제 아이와 비슷한 경우가 많더라고요.

경시대회처럼 수학영재를 뽑는 난이도 높은 시험이 아닌

이상, 내신과 수능 수준의 수학은 소량의 킬러문제만 극복하면 높은 성적을 받을 수 있어요. 그러니 지레 수학머리를 걱정할 필요는 없습니다. 수학은 머리가 아닌 노력과 시간이에요. 수학머리가 나빠도 내신과 수능에서 충분히 고득점이 가능하니 용기를 내기 바랍니다.

6. 어릴 때 시작해야 수학을 잘한다?

어릴 때부터 시작해야 수학을 잘할 수 있다고 생각하는 학부모들도 꽤 계시죠. 수학은 조기교육이 크게 중요하지 않으니 걱정하실 필요가 없어요. 어릴 때는 수학도서나 수학 놀이도구 등 놀이활동 위주로 접근해야 합니다. 영어처럼 조기에 주입하는 건 별로 효과를 내지 못하는 것 같아요. 사고력 수학도 너무 일찍부터 시작하면 나중에 수학을 싫어하는 부작용이 나타나더라고요.

그럼 수학 공부는 언제 시작하는 게 좋을까요? '수학머리'가 어느 정도 준비되면 그때 시작하는 것이 좋습니다. 두정엽은 수학, 물리학과 연관 있는 통합중추인데요. 수학적 사고에 필요한 공간, 입체, 수학적 기능을 담당하는 부위입니다. 언어영역과 달리 초등학교 시기에 주로 발달하는 부위라고 해요. 그래서 어릴 때는 놀이 위주로 접근하다가 초등학교 때부터 점차적으로 수학 능력을 확장시킬 필요가 있습니다. 수학놀이에 흥미를 보이고 수학에 재능 있는 친구일지라도 7세부터 천천히 시작하는 게 좋습니다. 수학은 많은 시간이 필요하고 어려운 난관이 산재한 과목입니다. 견디며 싸워나가야 하는 마라톤인데 처음부터 너무 힘을 빼면 끝까지 완주하기 힘들 거예요.

KEY POINT

1. 수학은 암기과목이 아닙니다. 일정 부분 암기가 필요하지만 근본적으로 '이해'와 '응용'을 바탕으로 합니다.
2. 기본 개념을 충분히 이해하지 못한 상태에서 심화문제를 접해서는 안 됩니다.
3. 학년이 올라갈수록 난이도가 급격히 높아지고, 다른 과목들의 공부량도 늘어나다 보니 선행학습은 어느 정도 필요합니다.
4. 문제집을 풀 때 아이가 너무 많은 문제를 틀린다면 오답노트는 해악입니다. 어느 정도 이해가 되고 오답이 줄면 그때 오답노트를 만드는 게 좋습니다.
5. 수학머리가 나빠도 내신과 수능에서 충분히 고득점이 가능하니 용기를 내기 바랍니다.
6. 어릴 때는 놀이 위주로 접근하다가 초등학교 때부터 점차적으로 아이의 수학 능력을 확장시킬 필요가 있습니다.

진도만 나가는 아이 vs.
교과서를 복습하는 아이

방학 때만 되면 선행학습에 열을 올리는 학생이 적지 않습니다. 〈중앙일보〉가 대학생 멘토 266명을 대상으로 설문조사한 결과, 응답자 중 91.7%(244명)가 초중고 때 선행학습을 한 경험이 있는 것으로 나타났습니다. 이 중 절반(136명)은 고등학교 입학 전부터 선행학습을 했고, 방학마다 했다는 학생도 29%(70명)에 달했습니다.

그럼 선행학습을 하면 정말 성적이 오를까요? '반짝 효과'는 있지만 장기적으로 큰 도움이 되지 않는다는 연구 결과가

수학에 강한 아이를 만드는 초등 수학 공부법

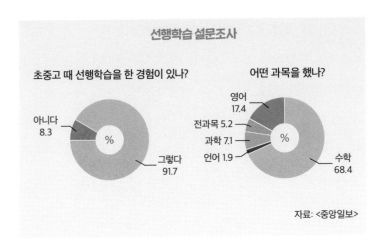

선행학습 설문조사

초중고 때 선행학습을 한 경험이 있나?

아니다
8.3

%

그렇다
91.7

어떤 과목을 했나?

영어
17.4

전과목 5.2

과학 7.1

언어 1.9

%

수학
68.4

자료: <중앙일보>

있습니다. 한국교육개발원이 발표한 '선행학습 효과에 관한 연구'에 따르면 초중학교까지는 선행학습을 한 학생의 성적이 상승하는 것처럼 보이지만, 대학 입시가 가까워질수록 오히려 뒤처지는 것으로 나타났습니다.

그럼 수학은 선행학습보다는 복습에만 집중하는 것이 정답일까요? 아닙니다. 진도는 진도대로, 복습은 복습대로 균형 있게 병행할 필요가 있습니다. 하나씩 알아보겠습니다.

초등학교 때는 교과서의 난이도가 다소 쉬워서 복습이 시간 낭비처럼 느껴질 수도 있어요. 그래서 저학년 시기에는 복습보다 소위 '진도 빼기'에 열중하는 경우가 많습니다. 고학년으로 올라갈수록 헷갈리고 모르는 문제가 조금씩 생기기 시작하죠. 진도에만 몰입하는 공부 습관에 너무 익숙해지면 복습에 집중하기가 쉽지 않아요. 더군다나 선행학습으로 이미 배운 내용이다 보니 수업 때 자신이 알고 있는 내용이라고 착각하는 경우도 많습니다. 평소에 수업은 정말 잘 따라오는데 막상 시험에서 1등은 다른 아이가 하는 경우가 많은 이유입니다.

🖊 핵심은 꾸준히 복습하는 습관

배운 내용을 장기기억장치에 저장하기 위해서는 반드시 '복습'이 필요합니다. 복습을 반복할수록 아는 것과 모르는 것의 구분이 명확해지고, 자신이 어떤 부분이 미흡하고 부족한지 확실히 정리할 수 있기 때문입니다. 복습하는 습관이 잘 잡힌 아이들이 최상위권 학생이 되는 이유입니다.

복습의 중요성은 16년간 '기억'을 연구한 심리학자 헤르만 에빙하우스의 이론으로 설명할 수 있는데요. 에빙하우스는 학습이 끝나고 10분 뒤부터 망각이 시작되며 평균적으로 1시간

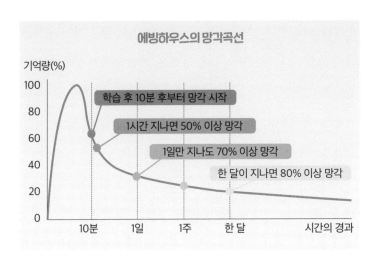

에빙하우스의 망각곡선

기억량(%)

- 학습 후 10분 후부터 망각 시작
- 1시간 지나면 50% 이상 망각
- 1일만 지나도 70% 이상 망각
- 한 달이 지나면 80% 이상 망각

10분   1일   1주   한 달   시간의 경과

뒤 50%, 하루 뒤 60%, 일주일 뒤 70%, 한 달 뒤 80%의 내용을 망각한다는 연구 결과를 발표했습니다.

에빙하우스는 망각으로부터 기억을 지켜내기 위해서는 '복습'이 중요하다고 강조했는데요. 실험 결과 10분 뒤 복습하면 기억이 하루 동안 유지되고, 하루 뒤 복습하면 일주일, 일주일 뒤 복습하면 한 달, 한 달 뒤 복습하면 6개월 이상 유지되었다고 합니다. 또한 그는 복습 횟수를 늘릴수록 복습할 양과 시간이 줄어든다는 것도 실험을 통해 밝혀냈습니다. 즉 복습은 시간 대비 효율이 매우 높은 학습법인 것입니다.

공부 습관은 나중에 갑자기 바꾸려고 하면 쉽게 바뀌지 않습니다. 초등학교 때부터 좋은 공부 습관을 잡는 것이 무엇보다 중요합니다. 저학년일수록 당장은 복습의 효능감을 느끼지 못하겠지만 학년이 올라갈수록 그 위력을 느끼게 될 거예요. 쉽다고 간과하고, 아는 내용이라고 그냥 넘어가면 안 됩니다. 결과가 처참하게 나오면 너무 속상하잖아요.

수업이나 강의를 듣는 것만으로는 '학습'이 완료되었다고 할 수 없어요. 수업시간에 우리의 뇌는 편안함을 느끼며 '음~ 나는 공부를 하고 있구나.' 하고 착각해 평정심을 느낀다고 해요. 이는 진짜 공부라고 할 수 없어요. 무언가를 배웠다면 반드시 복습을 통해 머릿속에서 관련 내용을 다시 *끄*집어내어 확인하는 작업이 필요합니다. 그런 작업을 반복함으로써 수업 때 배운 내용을 오롯이 내 것으로 만들 수 있어요.

복습할 때 우리의 뇌는 스트레스를 받고 마음이 편하지 않아요. 그래서 '복습은 내게 맞지 않는 학습법이야.' 하고 오해할 수도 있어요. 마음 편히 수동적으로 듣는 작업(수업)에 익숙해져 복습을 멀리하면 어떤 일이 벌어질까요? 시험이 끝나면 주변에서 "어머! 아는 건데 실수했어." 이런 이야기를 자주 하잖아요. 복습을 통해 완전히 자신의 것으로 만들지 않았기 때문에 이런 실수가 벌어지는 거예요.

뇌가 편하지 않고 불편하더라도 공부한 부분을 반드시 다시 한번 짚고 넘어가야 합니다. 학습한 내용이 완전히 자신의 것이 될 때까지 반복적으로 복습할 필요가 있어요. 진도를 나가는 것도 물론 중요합니다. 그러나 진도보다 더 중요한 건 복습이에요. 복습하는 습관은 단번에 잡히지 않기 때문에 초등학교 때부터 복습하는 시간을 따로 비워두면 좋습니다.

진도만 나가는 아이, 정말 괜찮을까?

진도를 나가는 건 괜찮지만 진도만 나가는 건 위험합니다. 마음이 급한 학부모들은 보통 '진도'를 중요시합니다. 과연 남들보다 진도가 빠르다고 해서 공부를 잘하는 걸까요? 앞서 아이가 선수라면 부모인 우리는 코치라고 했잖아요. 잘못된 방식으로 선수를 가르치고 도와주면 백전백패의 상황이 벌어집니다.

진도를 나가기 전에 먼저 우리 아이가 어떤 일에 재능이 있는지 이것저것 시켜볼 필요가 있어요. 재능이 있고 흥미를 보이는 분야는 나중에 전공으로 선택할 가능성도 있으니 시간을 좀 더 할애하고, 그다음에 다른 주요 과목을 가르치는 식으로 균형을 맞추면 됩니다. 이 과정을 아이와 함께 의논하며 결정한다면 아이는 인생의 키를 스스로 가지고 있다고 느낍니다. 자기주도적이고 책임감 있는 아이로 성장하게 될 거예요.

진도는 너무 느려도, 너무 빨라도 문제가 될 수 있어요. 진도를 너무 느리게 빼면 기초를 촘촘히 다지기에는 좋지만 지루함을 느끼기 쉬워요. 성취욕도 떨어질 수 있죠. 반대로 진도를 엄청 빠르게 달리면 이해하지 못하고 넘어가는 부분이 많아지고, 난이도가 올라갈수록 틀리던 문제를 또 틀리는 일이 반복됩니다.

또래보다 높은 수준의 문제집을 들고 다니면 당장에야 친구들이 부러워하고 어깨가 으쓱 올라가겠죠. 문제는 그 진도를 과연 우리 아이가 100% 소화하고 있느냐는 거예요. 마치 트렌드를 좇아가듯이 진도만 빼면 성적은 성적대로 떨어지고, 급기야 그 과목을 싫어하게 되는 사태가 발생합니다. 이때는 뒤늦게 수습하기 쉽지 않으니 아이가 너무 진도에만 몰두하는 것은 아닌지 꼭 확인해보셨으면 해요.

주변에 수학을 정말 잘하던 아이가 있었어요. 아이가 대치동 유명 학원에 들어가자 학부모님도 엄청 뿌듯해 하시더라고요. 그러다 욕심이 생겼나봐요. 더 높은 톱반에 입성하려고 무리수를 두다가 과부하가 온 거예요. 온종일 수학만 붙잡고 있어도 시간이 부족한 지경에 이르렀고, 한계에 다다른 아이는 학업을 포기하고 싶다며 반항하기 시작했습니다. 개인 과외까지 붙였지만 공부를 아예 손에서 놔버려서 유학을 보낼 수밖에 없었다고 해요.

기본과 심화, 두 마리 토끼를 다 잡기 어렵다면 조금 힘을 빼서 아이 실력에 맞춰 기본 위주로 학습하는 것도 한 방법이에요. 당장 심화문제가 안 풀린다고 해서, 진도가 느리다고 해서 초조해할 필요는 없어요. 물론 그렇다고 선행학습을 완전히 배제해서는 안 됩니다. 저는 "교과서 위주로 공부했어요." "선행학습은 필요 없어요."와 같은 현장과 동떨어진 말은 하지 않을 거예요. 그런 말을 믿지도 않고요. 현실적으로 아이를 키우면서 겪은 경험들, 수학에 관심 없던 아들을 지도한 과정을 가감 없이 말씀드리려 해요.

배운 내용을 장기기억장치에 저장하기 위해서는 반드시 '복습'이 필요합니다. 진도를 나가는 것도 물론 중요합니다. 그러나 진도보다 더 중요한 건 복습이에요. 복습하는 습관은 단번에 잡히지 않기 때문에 초등학교 때부터 복습하는 시간을 따로 비워두면 좋습니다.

수학에 강한 아이를 만드는 초등 수학 공부법

우리 아이는 수학을
제대로 하고 있을까?

우리 아이가 지금 수학 공부를 제대로 하고 있는지 걱정 반 궁금증 반 고민이실 겁니다. 학교와 학원만 믿자니 불안하고, 부모로서 일일이 짚어주고 신경 쓰는 것도 일이고 스트레스죠. 이번에는 제가 아이에게 시도했던 효과 좋은 방법을 몇 가지 소개해볼게요. 명심할 점은 부모가 아이의 실력을 너무 세세하게 확인하려 들면 반감을 살 수 있으니, 무심한 듯 가벼운 분위기로 접근해야 한다는 것입니다.

우리 아이 수학 실력 점검하기

1. 기출문제 풀기

학교 시험이 신경 쓰인다면 학교 기출문제를, 진도가 걱정된다면 학습하고 있는 문제집을 풀게 해보세요. 평소처럼 그냥 푸는 게 아니라 시험을 치르듯 별도의 조용한 공간을 제공하고 시간을 재는 겁니다. 중요한 건 채점할 때 아이가 생각보다 많이 틀렸다고 해서 당황하거나 화를 내서는 안 된다는 거예요. 속에서 불이 올라와도 아이 앞에서는 절대 내색하지 않는 포커페이스가 필요해요.

채점을 통해 어떤 부분에 허점이 있는지, 어떤 단원에서 자주 실수하는지 알게 될 거예요. 아이는 아마도 이런저런 핑계거리를 대며 실수라 변명하겠지만 실수도 실력입니다. 오답노트를 만들어 다시 풀게 하고, 그래도 정 모르는 눈치면 조금씩 힌트를 알려주거나 그 부분만 사교육의 도움을 받아보세요. 인강을 찾아보게 하거나 학원 선생님께 도움을 청하는 식으로 부족한 부분을 보완하는 것입니다.

기출문제를 풀다 보면 아이도 자신의 '진짜' 수학 실력을

수학에 강한 아이를 만드는 초등 수학 공부법

파악하게 되고, 좀 더 보완할 점을 구체적으로 깨닫습니다. 집에서 무작정 학원 숙제만 푼다고 실력이 느는 게 아니란 걸 알게 됩니다. 이렇게 간간이 기출문제나 진도를 빼는 챕터 문제를 푸는 시간을 가지면 아이는 어떻게 공부해야 하는지 감을 잡고, 엄마는 엄마대로 아이의 정확한 실력을 파악할 수 있어서 좋아요. 무엇보다 좋은 건 실전처럼 기출문제를 풀다 보면 실전에 강한 아이로 자란다는 겁니다.

2. 오답노트 함께 만들기

아직 자기주도학습이 익숙지 않은 아이에게 알아서 오답노트를 만들라고 하면 버거울 수 있어요. 틀린 부분을 정리하는 작업을 엄마가 도와주면 좀 더 효율적인 학습이 가능합니다. 수학문제를 일일이 옮겨 적는 건 시간이 너무 오래 걸려요. 복잡한 문제는 복사해 오려서 붙이는 편이 실속 있더라고요. 설사 난이도가 쉬워도 자주 실수하는 부분이라면 꼭 완전히 자기 것이 될 때까지 오답노트를 활용해야 해요. 틀린 문제는 따로 정리해서 다시 한번 풀고, 그래도 어려우면 빨간펜으로 표시해서 다음에 한 번 더 짚고 넘어가야 해요.

나중에는 따로 오답노트만 보면 되니 시간을 절약할 수 있어서 좋아요. 무작정 많은 문제를 되는 대로 푸는 소위 '양치기'는 아이는 아이대로 힘들고 돈은 돈대로 쓰는 일이니 삼가야 합니다.

3. 친구와 선의의 경쟁하기

초등학교 수준 수학에 어느 정도 익숙해진 상태라면 이제 친구와 경쟁을 붙여보세요. 주1회 친한 친구를 초대해 문제를 같이 풀게 하고 서로 바꿔서 채점시키는 겁니다(실제로 해보면 정말 효과가 좋아요. 서로 경쟁하느라 눈에 레이저가 나옵니다). 비슷한 실력이고 서로 경쟁하기 좋은 친구가 있다면 상대방 아이, 어머니와 의논한 후 시도해보세요. 같은 문제집을 각자 산 다음, 답지는 엄마들이 보관하고 일주일간 각자 풀 수 있는 만큼 풀어오게 하는 방식입니다.

우리 집이든 친구 집이든 시간이 될 때 만나서 문제집을 서로 바꿔서 채점하게 시켜보세요. 친구에게 창피 당하기 싫은 마음에 평소보다 더 열심히 문제를 풀게 됩니다. 한번은 제 아들에게 경쟁의식을 느끼던 한 친구가 글쎄 문제집 한 권을 일주일 만에 다 풀어온 거예요. 꽤 난이도가 높은 문제집이었는데 불구하고요. 그 아이는 얼굴은 피곤해 보였지만 득의만만

수학에 강한 아이를 만드는 초등 수학 공부법

회심의 미소를 띠고 있었죠. 뒤늦게 제 아들은 자신이 자만했다는 걸 깨달았어요. 그렇게 방학 한 달간 주1회 '수학 배틀'이 이어졌고, 이 시간은 아들과 친구가 자신의 수학 위치를 가늠하고 재도약하는 계기가 되었어요. 정말 좋은 경험이었죠.

그래서 제 아들과 경쟁하던 그 아이는 지금 어떻게 되었냐고요? 그 친구는 IMO 한국 대표로 선발될 정도로 수학 천재로 성장했고 지금은 서울대 수학과를 다니고 있어요. 놀라운 점은 선의의 경쟁이 제 아들과 친구를 단기간에 껑충 성장시켰다는 거예요. 이전까지 제 아들은 수학을 그다지 잘하지 못했거든요. 수학에 대한 흥미도 크게 없었고요. 비싼 학원과 과외 못지않게 동기 부여에 도움이 되는 이런 소소한 이벤트도 참 중요한 것 같아요.

4. 실력이 늘었다면 경시대회 도전하기

실력이 어느 정도 궤도에 올랐다면 아이가 중고등학교에 가서도 꾸준히 공부할 수 있도록 좋은 자극을 제공해야 하는데요. 주변에 공부 잘하는 누나나 형, 친척이 있다면 동기 부여에 큰 도움이 됩니다. 학교 선배나 친한 친구에게 자극을 받는 방법도 있고, 영재원이 이런 자극제 역할을 하기도 합니다. 개인적으로 제가 권유하는 방법은 초등 수학경시대회입니다. 절대 많이 참여하진 마시고요. 목표를 너무 높게 잡으실 필요도 없어요. 몇 번 경시대회를 치르다 보면 자신의 위치를 가늠하게 될 뿐만 아니라, 수학 잘하는 좋은 인연들을 만날 수 있어요. 수상 여부와 상관없이 경시대회의 학술적인 분위기 덕분에 좋은 자극을 받을 수 있죠.

여기서 절대 주의하셔야 하는 부분은 초등 수학경시대회 준비에 불필요하게 너무 많은 시간을 쓰시면 안 된다는 거예요. '좀 전엔 수학경시대회에 참여하라면서요?' 하는 생각이 드실 수도 있는데, 경시대회의 목적은 어디까지나 '좋은 자극'입니다. 여기에 시간을 너무 쏟으면 다른 주요 과목을 놓칠 수 있어요. 1년에 한두 번 좋은 경험을 하는 것을 목표로 도전해보세요.

참고로 국내 주요 초등 수학경시대회는 다음과 같습니다.

1. KMC(한국수학경시대회)

2. 전국 영어/수학 학력경시대회(구 성대경시대회)

3. KJMO(한국주니어수학올림피아드)

4. HME(해법수학 학력평가)

5. KUT(고려대학교 전국 수학학력평가시험)

수학에 강한 아이를 만드는 초등 수학 공부법

우리 아이의 수학 실력을 점검하고 싶다면 다음의 네 가지 방법을 추천합니다.

1. 기출문제 풀기
2. 오답노트 함께 만들기
3. 친구와 선의의 경쟁하기
4. 실력이 늘었다면 경시대회 도전하기

어떤 학원이
좋은 학원일까?

코로나19 여파에도 2021년 사교육비 총액은 23조 4천억 원에 달했습니다. 이는 2007년 통계 조사 이래 역대 최고치인데요. 교육부와 통계청이 전국 초중고 약 7만 4천 명의 학생을 조사한 결과, 2021년 사교육 참여율은 75.5%로 전년 대비 8.4%p 상승했습니다. 1인당 월평균 사교육비는 전년(30만 2천 원)보다 21.5% 늘어난 36만 7천 원에 달했습니다. 초등학생 일반 교과 사교육비는 2020년 코로나19 유행으로 크게 감소했다가 최근 대폭 상승하는 모습을 보였는데요. 일반 교과 사

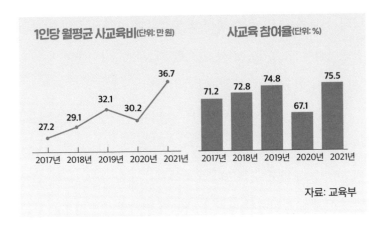

1인당 월평균 사교육비(단위: 만 원)

2017년 27.2
2018년 29.1
2019년 32.1
2020년 30.2
2021년 36.7

사교육 참여율(단위: %)

2017년 71.2
2018년 72.8
2019년 74.8
2020년 67.1
2021년 75.5

자료: 교육부

교육의 목적으로는 학교 수업 보충(50.5%)이 가장 큰 비중을 차지했고 선행학습과 진학 준비, 보육, 불안 심리 해소 등이 뒤를 이었습니다.

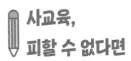 ## 사교육,
피할 수 없다면

사교육은 피할 수 없는 현실이 된 지 오래입니다. 학원을 고르실 때 어떤 학원을 선택해야 할지 정말 혼란스러우시죠. 잘못 선택하면 안 보내니만 못한 경우도 생기니까요. 학원 상담에 가보면 다들 자기 학원이 최고라고 자랑하기 바쁩니다. 감언이설에 현혹되어 진짜 필요한 사교육이 아님에도 등록하는 경우도 있고요.

우리 아이에게 꼭 맞는 학원은 어떻게 선택할 수 있을까요? 먼저 아이의 목표점을 파악하셔야 합니다. 목표가 과학고나 영재고일 수도 있고 특목고나 국제학교일 수도 있죠. 해외 대학 지원 여부도 확인해야 합니다. 목표가 명확해지면 필요한 과목을 중요도에 따라 순차적으로 정하고 시간을 안배하셔야 해요. 이래야 친구 따라 강남 가는 식으로 여러 학원을 불필요하게 전전하는 것이 아닌, 정말 실속 있게 필요한 학원만 추릴 수 있습니다.

아들 친구 중에 성적은 좋은데 학원은 몇 개 다니지 않는 아이가 있었어요. 다른 아이들이 대치동에서 열심히 학원 '뺑뺑이'를 돌며 빡빡한 스케줄을 소화할 때, 그 아이의 부모님은 불필요한 사교육은 배제하고 차근차근 무리 없이 준비했는데요. 어느 날 소식을 들으니 서울대 의대에 다니고 있다고 하더라고요. 실속 있게 대입 플랜을 수립했기에 가능한 일입니다. 절대 학원 말만 믿고 솔깃해서 무리하게 많은 학원에 등록하시면 안 됩니다. 초등학교 때부터 학원에 너무 시달리면 아이

수학에 강한 아이를 만드는 초등 수학 공부법

가 공부를 싫어하게 될 수도 있어요.

학원에 보내기 전에 우리 아이의 실력도 꼭 점검해보셔야 해요. 단지 유명 학원이라는 이유로 최상위반을 운영하는 학원에 등록하면 아이가 소외될 수 있어요. 학원에서 성적이 좋은 최상위반 아이들만 신경 쓰고 성적이 낮은 아이는 소외시키는 경우가 정말 많거든요. 만약 아이가 기초가 부족하다면 내실을 다지기 위해 맞춤형 소그룹형 학원에 보내셔야 합니다. 꼭 비싼 학원만 고집하실 필요는 없어요. 준비가 미흡한 상황에서 학원의 상술에 현혹되어 유명 학원 톱반 입성에만 혈안이 되면 아이는 큰 좌절감만 안게 될 거예요.

저희 아이도 처음에는 수학을 잘 못해서 집 근처 작은 학원을 1년 정도 다녔습니다. 집에서는 꾸준히 흥미 위주의 수학 도서를 읽고, 비교적 쉬운 수준의 사고력 문제집을 풀었습니다. 그러자 아이가 점차 수학에 자신감을 보이고, 수학을 엄청 좋아하는 아이로 바뀌더라고요. 수학(Mathematics with Statistics)을 싫어했던 그 아이는 시간이 흘러 성년이 되었고 현재는 수학을 전공하게 되었습니다. 그 시절을 떠올리면 지금도 흐뭇한 웃음이 나와요.

만일 학원에 보낼 계획이라면 학원 상담만으로 결정하지

마시고 학원 강사의 실력과 경험은 어떤지, 학원이 제공하는 콘텐츠는 어느 정도 수준인지, 재원생은 세심하게 잘 관리하고 있는지 세 가지를 확인해보세요. 세 가지 모두 준수하다면 믿고 보내셔도 좋습니다. 학원만 보낸다고 끝이 아닙니다. 이후에는 학원 내에서 경쟁 모드로 진입하게 되는데요. 아이가 진도를 잘 따라갈 수 있게 도와주셔야 하는 부분도 있어요. 일단 학원에서 내준 숙제를 충분히 풀 수 있도록 시간을 확보해주셔야 하고요. 그다음으로 인강이나 과외 등 추가로 도움을 수 있는 부분은 없는지 자녀와 함께 점검해봐야 합니다.

가끔씩 학원 선생님과 진솔하게 상담해보시는 것도 좋아요. 학원에서는 믿고 맡기라고 하겠지만 재원생이 어디 한둘인가요? 학원에서 그 많은 아이를 일일이 신경 쓰고 확인할 수 있겠어요? 그러니 선생님께 세심한 관심을 부탁드리고 부족한 점과 잘하는 부분에 대해 묻는 것이 좋습니다. 아이에게 "선생님께서 네가 열심히 한다고 칭찬시더라." 하는 식으로 칭찬도 해주고, 선생님께서 알려준 부족한 부분을 채울 수 있도록 각별히 신경을 쓰셔야 해요. 선생님과 진솔하게 소통하면 선생님도 우리 아이를 신경 써주실 것이고, 아이도 칭찬을 받았다는 말에 기분이 좋아 선생님과의 관계가 좋아질 것입니다.

수학에 강한 아이를 만드는 초등 수학 공부법

인강, 과외?
정답은 없다

저는 개인적으로 학원만이 왕도는 아니라고 생각합니다. 그럼 학원을 대신할 수 있는 인터넷강의(이하 '인강'), 과외 중에 어떤 것이 정답일까요? 정답은 없습니다. 아이의 성향과 환경, 상황을 고려해 알맞은 방법을 고르시면 됩니다.

먼저 인강은 환경이 가장 중요합니다. 인강을 들을 때는 오롯이 인강만 들을 수 있도록 PMP 같은 기기를 제공하는 것이 좋습니다. 노트북, 스마트폰으로 인강을 보면 도중에 다른 데 신경이 팔려 시간만 가는 경우가 있기 때문입니다.

인강의 장점은 모르는 부분만 콕 짚어 학습할 수 있다는 건데요. 아는 부분은 그냥 넘길 수 있고, 속도를 조절해가며 들을 수도 있어 효율적이에요. 또한 잘 활용하면 적은 비용으로 높은 효과를 낼 수 있다는 장점이 있어요. 인강 강사 중에 아이와 궁합이 잘 맞는 선생님을 찾으면, 내신 점수 관리 측면에서 인강도 정말 괜찮은 선택지인 것 같아요. 단점으로는 처음에는 의욕적으로 열심히 하다가 시간이 갈수록 느슨해질 수 있다는 것입니다. 특히 아직 자기주도학습이 익숙하지 않은 초등학교 시기에는 생각만큼 진도를 내지 못하기도 해요. 이럴 때는 부모가 자녀에게 용기도 주고 관리도 좀 해줄 필요가 있어요.

그럼 개인 과외는 어떨까요? 과외는 오롯이 우리 아이를 위한 맞춤형 수업이다 보니 원하는 만큼 진도도 나갈 수 있고, 모르는 부분을 확실히 짚고 넘어갈 수 있어서 좋아요. 과외 선생님께서 멘토 역할을 맡아 아이에게 꿈과 긍정적인 동기를 심어주기도 합니다. 단점은 비용이 많이 든다는 것, 그리고 검증된 실력 있는 과외 선생님을 구하기 쉽지 않다는 점이에요. 또 아이가 과외 선생님과 너무 친해지면 농담만 주고받다 시간을 다 보내기도 하고, 한 달이고 두 달이고 성적이 오르지 않기도 해요. 만약 과외가 아이에게 크게 도움이 되지 않는다면 과감히 정리하셔야 합니다.

 ## 자기주도학습의 핵심은 메타인지 역량

그렇다면 많은 학부모들이 자녀에게 그렇게도 바라는 자기주도학습은 어떨까요? 자기주도학습은 공부를 하는 데 있어서 가장 중요한 부분입니다. 스스로 어떤 걸 모르고 무엇을 해야 하는지 명확히 알고 자신만의 학습 패턴이 형성된 아이라면 원활한 자기주도학습이 가능합니다. 이때 가장 중요한 핵심 역량이 바로 '메타인지(Meta Cognition)'입니다. 메타인지란 1976년 발달심리학자 존 플라벨이 고안한 개념으로 흔히 '생각에 대한 생각' '인지에 대한 인지'라고 정의하는데요. 쉽게 말해 '자신이 아는 것과 모르는 것을 아는 능력'이라고 볼 수 있습니다.

메타인지 역량은 자기주도학습 과정에서 실수와 성공을 반복하며 계속해서 업그레이드됩니다. 메타인지 역량을 키우면 어떤 어려운 난관에 부딪치더라도 '그래, 그때 이런 식으로 해서 실패했지.' '이런 식으로 하면 문제를 해결할 수 있어.' 하는 긍정적인 인식을 바탕으로 스스로 문제를 해결하게 됩니다. 메타인지 역량이 뛰어난 아이들은 나중에 사회에서 역경을 경험해도 적극적으로 해결하기 위해 노력하며 탁월한 두각을 드러내죠.

문제는 우리나라는 학원이 너무 많고 사교육 시장이 잘 발달되어 있어서 시험에 나오는 부분을 콕콕 알려주다 보니, 아이들이 메타인지 역량을 키우기 어렵다는 데 있습니다. 물론 때로는 혼자 공부하는 것보다 사교육을 이용하는 것이 성적을 향상시키는 데 더 도움이 되기도 합니다. 수동적으로 학원에서 주는 숙제만 풀면 당장 성적이야 잘 나오겠지만 학원에 다닌다고 문제가 다 해결되는 건 절대 아닙니다. 학원 수업에만 의존하면 복습은 등한시한 채 '수업을 들었으니 난 공부 다 한 거야.' 하고 착각하기도 해요.

자기주도학습에 익숙하지 않은 아이는 어려운 문제나 생소한 과제에 맞닥뜨렸을 때 스스로 해결할 엄두를 못내는 경우가 많아요. 나중에 대학에 가서도, 취업 이후에도 의존적이고 수동적인 성향을 보일 수 있습니다. 이런 딜레마에 빠지지 않으려면 필요한 부분은 학원의 도움을 받되, 꾸준히 자기주도학습을 시도해야 합니다.

참고로 지속적이고 효과적인 자기주도학습을 위해서는 아이가 꿈꾸는 대학이나 관련 학과를 다니는 멘토가 있으면 좋아요. 그러한 선배가 있다면 힘을 발휘하게 되니 주위에 도움을 요청하는 것도 좋은 방법입니다.

수학에 강한 아이를 만드는 초등 수학 공부법

만일 학원에 보낼 계획이라면 학원 상담만으로 결정하지 마시고 학원 강사의 실력과 경험은 어떤지, 학원이 제공하는 콘텐츠는 어느 정도 수준인지, 재원생은 세심하게 잘 관리하고 있는지 세 가지를 확인해보세요. 스스로 어떤 걸 모르고 무엇을 해야 하는지 명확히 알고 자신만의 학습 패턴이 형성된 아이라면 원활한 자기주도학습이 가능합니다. 이때 가장 중요한 핵심 역량이 바로 '메타인지(Meta Cognition)'입니다.

내가 만약 다시
아이를 키운다면

아이를 키우면서 저는 정말 최선을 다했습니다. 그러나 누구나 그렇듯 처음 키우는 아이인지라, 저도 엄마는 처음인지라 실수도 있었고 후회되는 부분도 참 많았어요. 그래서 제가 만약 다시 아이를 키운다면 어떤 일을 시도할 것이고, 어떤 일은 피할 것인지 정리해봤습니다. 부모로서 다양한 고민을 안고 후회 없는 선택을 위해 최선을 다했지만, 돌이켜보면 참 많은 실수를 하고 살았다는 생각이 듭니다. 여러분이 자녀를 키우는 데 있어 조금이라도 도움이 되었으면 합니다.

수학에 강한 아이를 만드는 초등 수학 공부법

🖊️ 다시 키울 수 있다면
🖊️ 이렇게 키우겠습니다

먼저 제가 정말 잘했다고 생각하는 건 아들이 어릴 때 영어로 수학을 가르친 일이에요. 이 덕분에 저는 영어와 수학, 두 마리 토끼를 잡을 수 있었죠. 사실 저희 아이를 포함해서 '영재'라 불리는 대부분의 아이들은 영어를 제일 먼저 배우는데요. 매스컴에서 영어 조기교육의 폐해를 자주 언급하지만, 개인적으로 부작용보다 좋은 점이 더 많았던 것 같아요. 물론 여기엔 부모의 노력이 많이 필요합니다.

영어를 늦게 배우면 딱딱하게, 그리고 자꾸 번역하는 식으로 부자연스럽게 영어를 하는 경향이 있더라고요. 7세 이전에 영어를 배우면 좀 더 원어민처럼 영어를 구사할 수 있다는 장점이 있어요. 언어학자 패트리샤 쿨 교수는 7세 이전까지가 언어를 배우기에 최적기, 즉 결정적 시기라는 연구 결과를 발표했는데요. 7세가 넘었다고 해도 한 살이라도 어린 '지금'이 바로 최적기이니 늦지 않게 영어를 시작하시기 바랍니다.

요즘은 수능 영어가 쉬워져서 그 위상이 예전 같지는 않지만 그래도 여러분은 영어의 필요성을 누구보다 잘 아실 거예

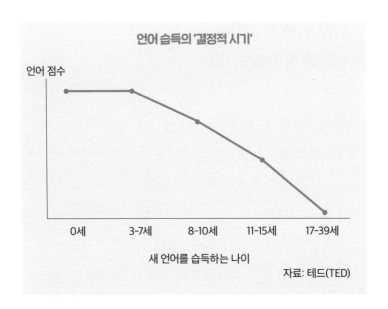

언어 습득의 '결정적 시기'

언어 점수

0세 3-7세 8-10세 11-15세 17-39세

새 언어를 습득하는 나이

자료: 테드(TED)

요. 미래에 대비해 어릴 때부터 영어를 자연스럽게 구사할 수 있는 환경을 조성해주세요. 나중에 아이가 자라면 많이 고마워할 거예요. "아이고, 제 아이는 지금 수학도 벅찬데요." 하고 말씀하신다면 영어로 수학을 공부하는 것도 한 방법이에요. 영어도 익히고 수학도 공부하고 일석이조죠.

저는 영어로 수학뿐만 아니라 과학, 사회 등 다양한 분야를 공부시켰어요. 조기에 영어를 배우면 안 좋다는 세간의 평가도 많지만 사실 이미 유럽에선 대부분 두 가지 이상의 언어를 유

수학에 강한 아이를 만드는 초등 수학 공부법

년기 때부터 가르친답니다. 그러니 낭설에 휘둘리지 마세요. 물론 아이에게 언어를 억지로 주입시키기 위해 스트레스를 주기 시작하면 당연히 부작용이 생길 수 있어요. 그 점만 주의하시면 될 것 같아요. 우리 아이가 커서 영어도 잘하고 수학도 잘하는 청년이 된다고 생각해보세요. 생각만 해도 흐뭇하시죠?

아들을 키우면서 제가 정말 잘했다고 생각한 다른 부분은 사춘기 때 희망의 끈을 놓지 않은 겁니다. 사실 아이가 사춘기를 겪을 즈음, 부모들은 갱년기를 겪습니다. 제가 존경하는 배우 김남주가 사춘기 딸에게 "너는 사춘기냐? 나는 갱년기다. 누가 이기나 해보자!"라고 소리쳤던 일은 유명한 일화죠. 이때가 참 어려운 시기인 것 같아요. 누가 이기고 지고가 중요한 게 아니라 아이와 부모, 둘 다 어떻게 보면 마음이 힘들고 아픈 시기인 거잖아요. 사춘기는 뇌의 전두엽에 변화가 생긴 것이고, 갱년기는 호르몬에 변화가 생긴 것이죠. 환자와 환자가 붙어서 싸워봤자 좋은 결과가 나오겠어요?

중요한 시기에 끝까지 잘 버틴 제 자신에게 스스로 위로와 칭찬을 해주고 싶어요. 사춘기가 힘든 점은 어릴 때 너무 착하던 아이가 갑자기 냉랭하게 바뀌고, 부모와 자식 간의 싸움과 다툼이 끝없이 이어진다는 점이에요. 부모 마음은 막막하고 찢

어질 듯이 힘들죠. 그래서 되도록 아이가 어릴 때 훗날 사춘기가 올 수 있다는 걸 인지하고 미리 대비할 필요가 있어요. 자식 이기는 부모 없다고 하잖아요? 갱년기로 힘드시겠지만 그래도 아이를 살살 달래가며 최대한 기분 맞춰주고, 힘든 시기에 엇나가지 않고 잘 자라도록 참고 인내하셔야 해요. 조금 극단적으로 말해서 이 시기를 잘 넘기면 아이가 정말 빛나는 보석이 될 수도 있고, 잘 넘기지 못하면 부랑아가 될 수도 있어요.

사춘기는 아이마다 차이와 정도가 다를 수 있어요. "어머~ 그때는 꽉 잡으면 되던데." "우리 아이는 안 그런데요?" 이렇게 가끔 옆에서 염장을 지르는 학부모도 계실 텐데 우리는 그러지 말자고요. 사실 저도 제 아이가 초등학생일 때는 주변에서 자녀의 사춘기로 힘들다고 하소연을 해도 피부에 잘 와 닿지 않았거든요. 그런데 막상 제가 직접 겪으니 그때 좀 더 따뜻하게 진심 어린 위로를 건넬 걸 하는 후회가 들더라고요.

여하튼 사춘기 자녀로 인해 아무리 화가 나도 절대 성급하게 화를 내시면 안 됩니다. 강대강으로 부딪치는 대처법은 부작용이 많더라고요. 속이 뒤집히더라도 인내심을 발휘해 잘 다독거릴 필요가 있어요. 사춘기를 어떻게 극복하느냐에 따라 아이의 인생이 정말 판이하게 달라집니다. 훗날 우리의 자녀는

자신을 포기하지 않고 꿋꿋이 믿어준 엄마, 아빠에게 감사함을
느낄 겁니다.

✏️ 다시 키울 수 있다면 이것만큼은 피하겠습니다

이번에는 정말 후회되는 점에 대해 이야기해볼게요. 저는
대치동으로 이사 간 부분이 가장 후회됩니다. '어? 대치동으로
이사 가면 좋은 거 아닌가요?' 하고 생각하실 텐데요. 아이마다
성향이 다르잖아요. 대치동의 분위기가 맞는 아이가 있고 아닌
아이가 있습니다. 저희 아이는 본래 중계동에서 공부를 했는데
요. KMO 2차를 준비하는 과정에서 중계동은 다소 부족하다는
느낌이 들었습니다. 당시에는 제가 워킹맘인지라 아이 혼자 대
치동 학원까지 통학시키기가 힘들었어요. 그래서 아예 대치동
으로 이사 가게 되었고, KMO를 성공적으로 준비할 수 있었습
니다.

그런데 문제는 주변에 학원이 너무 많다 보니 필요 이상으
로 유혹을 많이 받게 되고, 유명 학원에 안 보내면 마음이 불안

해지고 그러더라고요. 더군다나 당시 갑작스러운 교육정책의 변화로 영재고 시험이 쉬워지면서 굳이 경시대회 준비에 몰두할 필요가 없어졌죠(내신의 중요성이 급격히 커진 시기였어요). '한국은 천재를 키울 수 없는 교육시스템'이란 말이 왜 나오는지 공감되더라고요. 정권이 바뀔 때마다 교육정책이 누더기처럼 바뀌니 학부모도 아이도 한국의 교육시스템을 신뢰하기 힘든 게 현실입니다. 이리저리 바뀌는 교육정책에 따라 눈치 작전으로 공부해야 하는 게 참 속상했어요.

대치동 학교의 경우 아이들 수준이 높다 보니 전교 등수를 가리기 위해 시간 내 풀기 힘들 정도로 많은 문제를 제출하거나, 문제를 어렵게 꼬아서 출제하는 경향이 있었어요. 그래서 상대적으로 타 지역에 비해 내신 준비에 쏟아야 하는 시간이 많았죠. 강북에서는 곧잘 내신에서 1~2등을 했기에 KMO 준비가 수월했는데, 학년이 올라갈수록 내신과 경시대회를 병행하기가 버거워졌어요. 시간이 부족해서 아이가 많이 힘들어했죠.

심지어 경시대회를 준비하는 학원에선 내신기간에 시간을 일주일밖에 주지 않았어요. 내신을 준비하기엔 일주일은 턱없이 부족했죠. 아이가 내신 준비를 충분히 할 수 있도록 학원 수업을 더 뺐어야 했는데 그때는 제가 어리석었죠. 여러분은 학원에 절대 휘둘리지 마시고 우선순위를 잘 정해서 공부할 수 있도록 지도하기 바랍니다.

학원과 학교, 양쪽에서 이리저리 치이면서 아이의 스케줄은 삐걱대기 시작했어요. 당장 필요 없는 학원을 자꾸 등록하자 졸지에 '학원의 늪'에 빠지게 되더라고요. 다른 아이들에 비해 그리 많은 게 아닐 수 있지만 학원비도 부담스럽고, 아이도 짜증이 늘기 시작했어요. 지금 돌이켜보면 우리 상황에서 굳이 대치동으로 전학 올 필요가 없었던 것 같아요. 경제적으로도 출혈이 심했고, 아이도 힘들었고, 무엇보다 대치동 학업 분위기에 적응하기 쉽지 않았어요.

일례로 연세대 영재원에 다닐 때, 방학 과제가 상당히 많고 난이도도 높아서 1년에 두 차례 3~4명 정도 아이들끼리 그룹을 이뤄 해결해야 했는데요. 아들 그룹에 대치동 출신 아이가 있었어요. 그런데 그 아이의 엄마가 아들과 저에게 너무 친절하신 거예요. 그 가면에 속아 저와 제 아들은 프로젝트 과제의 상당수를 떠맡았고, 방학 시간 대부분을 과제를 해결하느라 날렸어요. 첫 번째 여름방학은 그냥 넘어갔지만 두 번째 겨울방학 때도 그렇게 이용당하자 아들은 분노했고, 사춘기 기질을 조금씩 보이기 시작했어요. 제가 좀 더 현명하게 대처했더라면 좋았을 텐데 대치동 분위기에 익숙하지 않은 제 불찰이라 많이 후회했어요.

그렇다고 단점만 있었던 건 아니에요. 제대로 경쟁할 수 있는 실력 있는 친구들이 있어서 제 아이도 좋은 자극을 많이 받았어요. 만약 대치동 이사를 고려하신다면 반드시 그쪽의 학업 분위기를 파악하시고, 내 아이의 입시 방향과 맞는지 면밀히 알아보신 후 결정하시길 바라요. 생각보다 적응에 애를 먹는 학생이 많거든요. 익숙하지 않은 새로운 환경에 상처받는 경우도 많고요.

그다음으로 아들의 교우관계를 제대로 돌보지 못한 점이 후회되더라고요. 아이에게 꼭 벗은 가려 사귀어야 한다는 걸 가르쳐주시기 바라요. 저도 아이 친구 문제로 걱정할 일이 있을까 자만하던 시절이 있었어요. 그러다 된통 당하고 아이를 데리고 남편이 주재원으로 재직하고 있는 해외로 이사까지 가게 되죠. 설마 제 아들에게 그런 문제가 생길 것이라곤 상상도 못했어요. 교우관계의 중요성을 구체적으로 가르치지 않고 원론적으로 '두루두루' 잘 사귀라고 이야기했던 게 얼마나 후회되던지.

아들이 공부를 잘하고 수학에 재능을 보이는 게 제 교육법

수학에 강한 아이를 만드는 초등 수학 공부법

이 남달라서라고 착각했던 오만 때문에 벌을 받았나 봐요. 영재고 입시를 준비하던 시절, 아들은 친구들의 영향으로 일탈하기 시작했고 컴퓨터 게임과 스마트폰에 푹 빠지게 됩니다. 공부에 집요함이 엄청났던 성격만큼 게임에 빠지니 걷잡을 수 없더라고요. 누구를 탓하겠어요. 다 저와 제 아들 잘못이죠. 그런데 안 좋은 일은 한꺼번에 일어난다고 하잖아요. 당시 남편이 1년 넘게 해외 근무 중이어서 아들을 올바르게 훈육할 수 없었고, 저 역시 교통사고로 몸을 가눌 수 없었어요. 그사이 제 아이가 일탈을 하고 만 거죠.

결국 그렇게 열심히 준비했던 영재고 시험을 앞두고 저는 제 교통사고 치료도 포기한 채 남편이 있는 상하이로 아무 준비 없이 무작정 떠났습니다. 다들 제정신이냐고 다시 생각해보라 했지만 아이도 저도 휴식의 필요성을 절실히 느꼈기 때문에 결심을 바꾸진 않았어요. 상하이에서 아들은 게임 중독을 치료하고, 저는 교통사고 치료에 집중했어요. 다소 시간은 걸렸지만 그 시절을 후회하진 않아요. 오히려 그 시기를 놓쳤다면 '리셋'의 기회도 없었을 거예요.

자식을 키우며 느낀 점은 '엄마는 엄마이기에 위대하구나.' 였어요. 저희 집의 치부를 굳이 말씀드리는 이유는 여러분의 소중한 아이를 위해 언제 닥칠지 모를 리스크에 미리 대비하라는 조언을 드리기 위해서입니다. 안 좋은 일에 대비하고 대응할 준비를 한다면 저와 비슷한 일은 겪지 않으실 거예요.

KEY POINT

제가 정말 잘했다고 생각하는 건 아들이 어릴 때 영어로 수학을 가르친 일이에요. 후회되는 부분은 준비 없이 대치동으로 이사를 간 일, 그리고 아들의 교우 관계를 제대로 돌보지 못한 부분입니다.

수학에 강한 아이를 만드는 초등 수학 공부법

제4차 산업혁명시대,
수학 실력이 꼭 필요한 이유

요즘도 그렇지만 앞으로의 세상은 '수학의 시대'라고 이야기해도 과언이 아닐 만큼 수학은 아주 중요한 과목이 되었어요. 대입을 위해 당연히 공부해야 하는 주요 과목이기도 하지만, 제4차 산업혁명시대가 시작되면서 수학과 수리적 사고는 그 위상이 급격히 높아졌습니다.

요즘 대세인 메타버스, AI를 떠올려보세요. 수학과 컴퓨터가 접목된 분야죠. 이뿐만 아니라 의학 분야나 자율주행 기술, 로봇에 이르기까지 수학과 관련 없는 분야가 없을 정도입니다.

의학 분야를 예로 들면 백신 연구라든가, 암 치료제 연구에도 당연히 수학적 역량이 필요합니다. 빅데이터 분석, 머신러닝과 딥러닝 프로그램을 활용한 '알파고'와 같은 AI도 수학을 빼놓을 수 없죠. 상상을 초월하는 미래 세계의 변화에 수학은 점점 더 깊숙이, 점점 더 넓게 영역을 확대하고 있습니다.

이렇게 많은 분야에 수학이 자리 잡고 있다면 당연히 수학을 잘하는 인재가 취업도 잘되고 높은 연봉을 받을 수 있겠죠. 수학을 단순히 대학 합격을 위한 수단이라고 생각해서는 안 되는 이유입니다.

✏️ 수학에 흥미를 붙이려면

한국인으로는 처음으로 옥스퍼드대학 수학과 정교수에 임용된 김민형 교수는 이렇게 이야기합니다.

"전 세계 인재들이 수학으로 몰리고 있습니다. 바로 정보산업의 발전 때문입니다. 정보에 대한 의존도가 높아지는 것은 산

수학에 강한 아이를 만드는 초등 수학 공부법

업적·역사적으로도 분명한 사실입니다. 정보는 효율적으로 처리해야 하는데 그 수요가 급격히 늘어나고 있고 복잡해진 경제도 한몫했죠. 현재 옥스퍼드대에서도 수학과 취업률이 최상위권에 속합니다."

중요하면서도 복잡한 수학, 아이에게 어떻게 흥미를 갖게 할 수 있을까요? 실생활에 적용되는 수학의 유용함을 직접적으로 느끼면서 상식과 재미도 함께 얻을 수 있는 가장 좋은 방법은 수학도서를 활용하는 것입니다. 수학 문제집은 성적과 직접적으로 연결된다는 부분에서 유용하지만 초등학생인 아이가 어렵고 복잡한 문제가 가득한 문제집을 처음부터 좋아할 리 만무합니다. 반면 수학도서는 수학과 연계된 세상, 상상이 현실이 되는 창의적이면서도 아이디어가 넘치는 보물과 같아요. 예를 들어 '골프공에 구멍이 몇 개일까?' '맨홀 뚜껑은 왜 동그란 모양일까?' 등 실생활과 연관 있으면서도 사고력을 요하는, 수학인 듯 수학 아닌 기상천외한 내용이 가득해요. 자녀로 하여금 흥미와 궁금증을 느끼게 할 것입니다.

수학도서를 읽다 보면 수학을 푸는 다양한 아이디어가 떠오르는가 하면, 입체적으로 사고하는 능력까지 생겨요. 초등학교 수준의 수학 권장도서에 나오는 내용들을 보면 실제 구글, 아마존 등 다국적기업의 면접에서 활용될 만큼 실용적인 부분이 많아요. 수학도서를 어릴 때부터 접하게 하면, 제4차 산업혁명시대에 두각을 드러내는 아이로 성장하는 데 도움이 될 거예요.

오랫동안 남녀노소 사랑받고 있는 수학도서를 몇 가지 소개하면 다음과 같습니다. 우리 아이들이 수학적 사고를 하는 데 큰 도움을 줄 수 있는 책들입니다.

- 『길 위의 수학자』(릴리언 R. 리버 지음, 궁리출판)
- 『수학 귀신』(한스 마그누스 엔첸스베르거 지음, 비룡소)
- 『수학 비타민』(박경미 지음, 랜덤하우스코리아)
- 『수학으로 이루어진 세상』(키스 데블린 지음, 에코리브르)
- 『수학의 역사』(지즈강 지음, 탐)
- 『수학이 일상에서 이렇게 쓸모 있을 줄이야』(클라라 그리마 지음, 하이픈)
- 『어서 오세요! 수학가게입니다』(무카이 쇼고 지음, 탐)
- 『인생에서 수학머리가 필요한 순간』(임동규 지음, 토네이도)
- 『재밌어서 밤새 읽는 수학 이야기』(사쿠라이 스스무 지음, 더숲)

수학에 강한 아이를 만드는 초등 수학 공부법

수학이 단순히 무겁고 어려운 과목이란 선입견에 벗어나 우리가 살고 있는 세상에 절대 빠질 수 없는 '핫'한 분야라는 걸 인지할 수 있게 도와주세요. 아이가 수학에 진심으로 매진할 수 있게 도와주세요. 아이가 책을 읽고 하나라도 아는 척하며 자랑하면 최대한 리액션을 크게 해주세요. 재밌어 해주고 칭찬해주면 아이가 '정말 내가 잘하나?' 생각하며 자신감이 붙을 겁니다. 신기하게도 주위를 둘러보면 작은 칭찬 한마디가 수학영재를 만들더라고요.

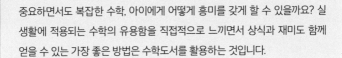

KEY POINT

중요하면서도 복잡한 수학, 아이에게 어떻게 흥미를 갖게 할 수 있을까요? 실생활에 적용되는 수학의 유용함을 직접적으로 느끼면서 상식과 재미도 함께 얻을 수 있는 가장 좋은 방법은 수학도서를 활용하는 것입니다.

자녀를 키우다
번아웃에 빠졌다면

아이를 키우다 보면 행복한 순간만큼 화나고 짜증나는 일도 많죠. 때로는 우울감이 심해져서 어찌할 바를 모르고 패닉 상태에 이르는 경우도 있고요. 코로나19 때 비대면 수업이 확대되면서 특히 이런 경우가 많을 텐데요. 저 역시 괴로움과 우울감에 빠져 힘든 시절이 있었습니다. 이번에는 제가 이런 어려움을 어떻게 해결했는지 털어놓으려고 해요. 제 조언을 참고하셔서 아이를 지혜롭게 잘 양육하셨으면 좋겠어요.

1. 죄책감에서 벗어나자

먼저 가장 중요한 건 실수에 대한 죄책감에서 해방되셔야 한다는 거예요. 세상에 완벽한 엄마는 없어요. 정보를 제대로 알지 못해서 아이를 똑바로 못 키우는 것 같고, 지도 방식이 잘 못되어서 아이가 따라오지 못하는 것 같나요? 하나하나 자책하고 자신의 부족함에서 문제의 원인을 찾으면 우울감이 오기 마련이에요. 자녀 양육 문제로 우울감에 빠지시면 안 됩니다.

다른 집과 비교할 필요도 없습니다. 다른 엄마들은 아이를 굉장히 잘 키우는 것 같고, 어려운 문제도 척척 해결하는 것 같죠? 다들 똑같은 사람이에요. 실수를 많이 합니다. 저 역시 대책 없이 실수를 많이 해서 죄책감, 자괴감에 빠지곤 했어요. 그래서 여러분의 그런 우울한 마음을 백번 이해합니다.

저도 수십 번 시도해서 하나 성공할 정도로 서툴고 실수가 많은 엄마였어요. 그럼에도 포기하지 않은 이유는 내가 포기하면 이 아이를 누가 잘 키워주겠냐는 생각 때문이었어요. 두발 벗고 나서서 아이를 위해 이리저리 뛰어다니다 보면 때로는 "너무 유난이다." "어디서 자기만 좋은 정보를 얻나 봐." 하는 수근거림을 받을 때도 있었어요. 그래도 아이를 위해 굴하지 않았죠.

제가 아이를 키우면서 했던 가장 큰 실수 중 하나는 직장에 가야 했기에 출산 한 달 만에 너무 성급히 아이를 영유아기관에 맡긴 거예요. 영유아기관에서 몇 개월도 채 되지 않은 아이가 어디 높은 곳에서 떨어졌는지 머리를 크게 다쳐 죽을 수도 있다는 판정을 받았어요. 저의 무지함에 엄청 울고 자책했죠. 다행히 위험한 고비를 넘겼는데, 그 뒤에도 아이가 어쩌다 머리가 아프다고 하면 가슴이 쿵쾅쿵쾅 뛰더라고요. 후유증인지 아이가 아프다는 이야기를 들으면 하늘이 무너지는 것처럼 심장이 뛰었어요. 제가 좀 더 잘 알아보고 안전하게 돌봐주는 데를 찾았어야 했는데, 일이 뭐가 그리 중요하다고 그랬는지. 지금도 저는 제 무지함에 대해 굉장히 죄책감을 느끼고 마음이 힘듭니다.

또 어떤 학원장의 설득에 혹해 중요한 시기에 좋은 친구들과 그룹으로 수업을 잘 받고 있던 아이를 다른 종합반으로 옮긴 일도 있었어요. 아들의 성향을 고려하지 않고 억지로 종합반에 등록한 겁니다. 돈만 날리고 아들은 아들대로 불만이 하늘을 찌르는, 그런 바보 같은 실수도 저질렀어요.

가장 중요한 시점에 아주 시의적절하게 딱 맞는 학원을 알아봐주고, 공부할 수 있는 좋은 환경을 찾아주고, 아이도 만족시킬 수 있다면 정말 좋겠지만 대부분의 학부모들은 시행착오를 겪습니다. 저 역시 마찬가지였고요. 그런데 실수를 저질렀다고 해서 죄책감에서 헤어 나오지 못하면 병이 됩니다. 부모

수학에 강한 아이를 만드는 초등 수학 공부법

가 죄책감에서 벗어나지 못하면 아이도 입시의 늪에서 헤매게 됩니다. 10번, 20번 인간이라면 얼마든지 실수할 수 있어요. 수많은 실수 중 어쩌다 한 번 좋은 기회가 오면 그거라도 제대로 잡아야 하지 않겠어요?

지금 이 책을 읽고 계신 것만으로도 여러분은 이미 좋은 부모입니다. 아이를 위해 바쁜 시간을 쪼개 책을 읽고, 자녀교육에 대해 알아보고 고민하고 계신 거잖아요? 여러분은 이미 좋은 부모, 훌륭한 부모란 사실을 꼭 명심하시고 자부심을 가지시면 좋겠어요.

2. 가족에게 도움을 청하자

마음이 힘들어 번아웃에 빠졌다면 가족에게 도움을 요청하세요. 마음이 힘든 상태에서 무언가를 계속 시도하다 보면 화도 나고 감정이 잘 제어되지 않잖아요. 과부하가 걸린 거죠. 너무 힘든 거예요. 그럴 때는 자신의 상태를, 본인이 지금 심각하게 아프다는 점을 가족에게 먼저 이야기해야 해요.

저는 마음이 굉장히 힘들 때 미국 신문에서 '파업하는 엄마들'과 관련된 기사를 본 적이 있어요. 그러한 기사를 보니 저도 파업하고 싶더라고요. 물론 파업은 득보다 실이 훨씬 더 많아요. 왜냐면 저만 힘든 게 아니니까요. 제가 파업하고 나면 그다음엔 아이가 파업할 수도 있고, 아빠가 파업할 수도 있는 거잖아요. 그러니 그냥 솔직하게 힘들다고 털어놓고 휴식하세요.

그래도 상황이 나아지지 않으면 아이들이 알아서 밥을 시켜먹든 굶든 차려주지 마시고, 엄마의 빈자리를 절실하게 느낄 수 있게 하루 이틀이라도 꼭 쉬세요. 파업까지는 아니고 상황극처럼 자녀에게 엄마가 얼마나 힘든지 간접적으로 알리는 것입니다. 마음이 힘들다고 짜증내고 화를 내기보다 차라리 자신의 상황을 솔직하게 설명하고 그냥 침대에 누워서 푹 쉬는 거예요.

자녀 3명을 둔 런던의 록산느 토센트(36)는 제멋대로 행동하는 아이들 때문에 골머리를 앓고 있다며 6일 집 앞 잔디밭에 텐트를 치고 그 안에서 밤을 새웠다. 텐트에는 '엄마는 파업 중(Mom On Strike)'이라는 스프레이 글씨가 적혀 있다. (…) 사태의 심각성을 인식한 아이들은 7일 아침부터 장난감을 치우기 시작했고, 학교에서 돌아온 후에는 청소와 함께 엄마의 저녁까지 준비하는 성의를 보였다.

수학에 강한 아이를 만드는 초등 수학 공부법

〈중앙일보〉 2006년 9월 8일 기사입니다. 조금 극단적인 상황이긴 하지만, 이런 일이 벌어지면 아이들은 '엄마를 너무 힘들게 하면 안 되겠구나.' '잘못하다 우리 엄마가 없어지면 어떻게 하지?' 하는 깊은 고민에 빠집니다. 엄마한테 죄송한 마음도 갖고 반성도 할 수 있는 그런 시간을 주셔야 해요. 그렇게 서로를 이해하면 갈등이 조금은 줄어들 수 있거든요.

3. 자신에게 선물하기

세 번째는 자신에게 선물을 주는 겁니다. 무언가 예쁜 거라든가 평소 갖고 싶었던 물건을 사서 기분을 내보는 거예요. 사실 엄마들은 돈이 조금만 생겼다 하면 자녀의 학원비로 쓰고 싶고, 더 맛있는 걸 해주고 싶고, 아이에게 더 잘해주고 싶은 마음이 듭니다. 아이의 얼굴이 아른아른 떠올라서 선뜻 자기 자신을 위해 쓸 수가 없어요. 그런데 암환자도 예쁘게 화장을 하고 본인을 가꾸면 회복률이 더 높아진다 하잖아요.

저는 30대 때 커리어가 만개해 헤드헌터로부터 눈이 휘둥그레지는 높은 연봉과 중책을 여러 차례 제안 받았습니다. 하지만 아이를 양육하면서 밤늦게까지 일한다는 건 불가능하다고 생각했고, 아이를 늦게까지 돌봐줄 분도 없었기 때문에 좋은 제안이 와도 다 포기할 수밖에 없었어요. 나중에 '내 청춘은 다 어디갔나?' 하는 생각도 들고, 마음이 우울해지면서 슬럼프가 오더라고요. 그럴 때 조금이라도 예쁘게 꾸미고, 제 자신에게 작은 선물을 했더니 정말 효과가 좋았습니다. 스스로에게 작은 무언가를 선물하고 잘했다고 토닥거려주는 그런 시간을 꼭 가지셨으면 좋겠어요.

자식이 소중한 존재인 건 맞지만, 자녀에게 올인하면 아이도 부담스럽고 엄마도 힘들어집니다. 아이가 기대에 못 미치면 화가 나기도 하고요. 사랑을 주더라도 자신을 위한 에너지를 남겨야 번아웃이 일어나지 않습니다.

입시제도가 갈수록 복잡해지고 있는 만큼 요즘이 옛날보다 더 힘들어진 건 사실이에요. 여러분 마음이 힘든 건 당연한 일이에요. 그러니 자신의 부족함을 탓하지 말고 때로는 회복할 시간을 갖기 바랍니다. 어쩌다 넘어져서 상처를 입어도 아물 때까지는 시간이 걸리잖아요. 여러분이 가장 중요합니다. 여러분이 행복해야 가족도 있는 거예요.

우리도 어쩌면 어른아이죠. 마음은 아이인데 아이 엄마가 되어 있으니까요. 힘들다고 투정도 부리고 싶고, 늦잠도 푹 자고 밥도 안 차리고 싶고 그래요. 여러분이 자기 자신을 소중한 존재로 여기고, 너무 잘하고 있다고 스스로에게 용기를 주고 재충전하시면 좋겠어요.

생각해보면 대입은 정말 긴 마라톤이었어요. 저는 달력에 매일 잘한 날, 그렇지 못한 날을 'OX'로 체크하며 하루하루 최선을 다해 아이 뒷바라지를 했습니다. 최선을 다한다고 해서 항상 결과가 좋은 것은 아니더라고요. 아이를 키우다 어느 날 예고 없이 번아웃이 오면 잠시 쉬어가세요. 회복과 재충전의 시간을 꼭 가지세요. 여러분은 아이에게 있어 대체 불가능한 최고의 존재랍니다.

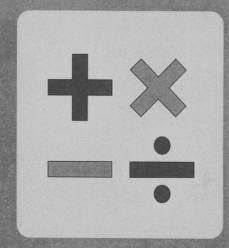

2장

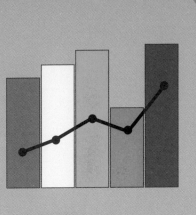

속도보다 중요한 것은
방향이다

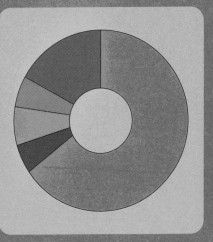

초등 수학 공부
로드맵 및 문제집

우리의 목표는 단순히 초등 수학에서 만점을 받는 것뿐만은 아닐 것입니다. 나중에 아이가 명문대에 입학해 꿈을 이루는, 자신의 포부를 사회에서 마음껏 펼치는 그런 어른이 되도록 돕고 싶으실 텐데요. 이번에는 초등학생 아이에게 정말 중요한 공부 로드맵 및 문제집에 대해 말씀드릴게요. 미취학, 초등학교 저학년 자녀를 둔 부모님께서는 "아이에게 벌써부터 공부 스트레스를 줄 필요가 있을까요?" "지금은 놀이활동에 집중할 때가 아닐까요?" 하는 의문을 품으실지 몰라요.

현재 초등학교 1학년이 푸는 수학 교육과정이 학습 수준을 벗어났다는 문제가 제기됐다. 특히 초등교사 10명 중 7명은 수학 익힘책의 난도가 매우 높다고 지적했다. 사교육걱정없는세상(사걱세)은 28일 이러한 내용을 담은 '초등 1학년 수학 교과서와 익힘책에 대한 교사 인식 설문조사' 결과를 공개했다. 이번 조사는 지난달 20일부터 23일까지 전국 17개 시·도교육청 소속 초등교사 3,936명을 대상으로 이뤄졌다. 응답자의 71.4%는 지금의 초등 1학년 수학 교육과정이 한글 기초교육과 맞지 않다고 답했다. 수학 난도가 높다 보니 한 학급에 20% 이상의 학생이 교과 진도를 따라가기 버겁다(22.3%)는 응답도 있었다.

〈조선에듀〉 2022년 10월 28일 기사입니다. 안타깝게도 현행 교육과정은 현실과 동떨어진 부분이 있습니다. 제 아이도 처음에는 수학에 어려움을 느꼈어요. 아이에게 맞는 수학 공부법으로 그러한 약점을 극복하고 내신과 경시대회, 두 마리 토끼를 잡은 경험이 있기에 '엄마표 수학'은 어떻게 해야 하는지 자신 있게 말씀드릴 수 있을 것 같아요.

우리 아이를 수학 잘하는 아이로 만들고 싶다면 진로와 목표부터 명확히 해야 해요. 그다음 아이의 수준에 맞게 세부 목표를 설정하고, 이후 세부 목표를 수정해가면서 강도와 난도를 조절해나가시면 됩니다.

수학 공부의 4대 축

수학 공부는 크게 연산, 사고력, 학년별 문제집, 수학도서 이렇게 4대 축으로 나눠볼 수 있어요. 이 영역을 아이의 수준에 맞게 잘 적용하시면 됩니다.

1. 연산

먼저 첫 번째로 연산입니다. 연산은 어떻게 다뤄야 할까요? 연산에 너무 많은 시간을 쏟는 건 조금 문제가 있습니다. 아이가 지겨워하고 수학에 흥미를 잃을 수도 있거든요. 보통 연산은 『기탄수학』 시리즈를 풀거나 방문 학습지로 훈련하는 경우가 많은데요. 둘 다 시켜보시고 아이가 선호하는 방법을 선택하시면 됩니다. 『기탄수학』을 엄청 지겨워하는 아이도 많은데, 제 아이는 엉뚱하게도 『기탄수학』을 굉장히 좋아했어요. 물론 연산 문제집만으로는 수학 실력이 크게 늘지는 않습니다. 제 아이도 『기탄수학』을 풀 때는 너무 많이 틀렸던 기억이 나요. 제 아이는 많이 틀려도 그 책에 대한 추억이 너무 좋았다고 해요. 롤모델처럼 여기던 아는 형과 함께 『기탄수학』을 풀었기 때문입니다.

주위에 수학 잘하는 친구들을 보면 보통 방문 학습지를 꾸준히, 조금씩, 질리지 않게 이어가는 경우가 많더라고요. 연산 문제집이든, 방문 학습지든 중요한 건 '꾸준함'인 것 같아요. 물론 고학년이 되어서도 연산에 시간을 들일 필요는 없어요. 또 어느 집은 구구단을 넘어 구십구구단을 재밌게 놀이처럼 하다 보니 연산 속도와 정확도를 높이는 데 도움이 되었다 하더라고요. 놀이활동처럼 엄마와 함께 익힌 주산이 도움이 된 경우도 있고요. 방법은 많으니 자녀에게 잘 맞는 방법을 활용해보세요.

2. 사고력

두 번째는 사고력입니다. 사고력은 보통 시매쓰, 소마, CMS 영재교육센터 등 사고력 학원을 이용하는데요. 주1회씩 1학년 때부터 5~6학년 때까지 다니는 경우도 많고, 『영재사고력 수학 1031』과 같은 사고력 문제집을 따로 푸는 경우도 많습니다. 저희 집도 사고력 문제집을 사서 처음부터 끝까지 풀었고, 모르는 단원만 따로 인강에서 발췌해 배우는 식으로 훈련했는데요. 수학을 다소 늦게 시작했지만 사고력 수학에 공을 들이니 따라가는 데 많은 도움이 된 것 같아요. 사고력 수학의 특성상 수학머리를 키우는 데도 도움이 되었고요.

이후에는 초등학교 4학년 때부터 북부교육지원청에 있는 영재원에 다녔습니다. 초등학교 5학년 때 교대 영재원, 연세대 영재원에 다니기 전에 3개월 정도 영재원 대비반 수업을 들었는데요. 그때 전국 단위로 수학 잘하는 친구들과 교류하면서 경쟁심과 더불어 자신감도 갖게 되었어요.

사고력도 연산과 마찬가지로 시간을 너무 많이 할애할 필요는 없습니다. 사고력은 전반적으로 수학의 틀을 탄탄하게 다지는 데 의미가 있어요. 학원에 의뢰를 할 것인지, 아니면 따로 문제집을 사서 풀 것인지 아이와 함께 상의해보세요. 참고로 사고력 학원에서 많은 양의 학습을 권유해도 단호히 거절하셔야 해요. 핵심은 학년별 수학이지 사고력 수학이 아니니까요. 절대 현혹되지 마시길 바랍니다.

3. 학년별 문제집

다음은 학년별 문제집입니다. 문제집은 보통 기본, 응용, 심화로 나뉘는데요. 어떤 문제집을 고를 것인지, 심화는 꼭 해야 하는지 몇 가지 의문점이 생기실 거예요.

수능 과목 및 출제 범위를 보면, 수학은 총 30문제 중 1~22번은 공통과목(수학 Ⅰ·Ⅱ)이고 23~30번은 선택과목에서 출제됩니다. 즉 초등학교~고등학교 1학년 때까지 배우는 '수학'은 수능에 직접 출제되지 않습니다. 그러나 고2 때 배우는 공통과목은 결국 초등학교~고등학교 1학년 때 배우는 수학의 심화 내용입니다. 개념이 제대로 잡혀 있지 않은 상태에서 수능에 출제된다는 이유로 성급하게 고2 수학을 선행학습한다면 좋은 성적을 내기 어려울 겁니다.

즉 수능 수학은 기초인 고1 수학이 얼마나 탄탄하게 뒷받침되느냐에 달려 있고, 고1 수학은 중학교 3년 과정의 수학에 달려 있으며, 중학교 3년 수학은 초등학교 수학 실력으로 결정됩니다. 따라서 아이의 실력을 정확하게 점검한 후, 현행학습이 부족하다면 기본에 집중하셔야 합니다.

사실 초등학교 수준에서는 기본과 응용은 큰 무리 없이 접근하실 수 있어요. 기본과 응용 간의 문제집 난이도가 크게 다

수학에 강한 아이를 만드는 초등 수학 공부법

2022학년도 수능 과목 및 출제 범위

과목	내용
국어	공통: 독서, 문학 선택: 화법과작문, 언어와매체 중 택1
수학	공통: 수학Ⅰ, 수학Ⅱ 선택: 확률과통계, 미적분, 기하 중 택1
영어*	영어Ⅰ, 영어Ⅱ
한국사*	한국사
탐구	일반계: 사회·과학 계열 구분 없이 택2 직업계: 전문공통+선택(5개 계열 중 택1)
제2외국어*/한문*	9과목 중 택1

*절대평가 적용 과목

르지 않습니다. 아이 스타일을 고려해서 수학에 흥미를 보이면 응용 위주로, 기초가 부족하면 기본 위주로 보시면 능률적이더라고요. 심화는 보통 『최상위 초등수학』을 많이들 보시더라고요. 저희 집도 해당 문제집으로 공부했는데요.

그럼 우리 아이가 심화 문제집을 풀기 적합한 상태인지 아닌지 어떻게 확인해야 할까요? 아이가 심화문제를 심리적으로 부담스러워하고 잘 풀지 못하면 그냥 기본과 응용으로 돌아가는 편이 낫습니다. 그렇게 진도를 쭉 빼고 다시 심화문제로 돌아오는 거예요. 안 풀리는 문제를 너무 오래도록 붙잡고 있으면 아이는 지겨워하기 마련입니다. 물론 사고력을 요하는 몇 문제 정도는 풀릴 때까지 푸는 훈련도 당연히 필요해요. 하지만 심화문제가 전체적으로 너무 버겁고 부담스러운데 이러한 방법을 쓰면 역효과가 날 수 있어요.

막히는 부분이 생기면 아이가 진도를 나갈 수 있도록 도와주고, 어느 정도 진도를 뺀 후에 다시 심화문제로 돌아오는 편이 낫습니다. 보통은 기본, 응용, 심화 순서대로 풀고 넘어가지만 경우에 따라서는 기본, 응용에만 집중하다 한참 뒤에 심화로 넘어가야 합니다. 너무 순서만 고집하면 아이가 수학을 싫어할 수 있어요. 당장 잘하고 못하고보다 중요한 건 '꾸준함'입니다. 아이가 흥미를 잃지 않고 매일 조금씩 수학 공부를 이어나간다면 그것만으로 충분해요.

저희 아이도 초등학교 저학년 때는 수학을 정말 못했어요. 그럼에도 포기하지 않았던 이유는 일단 포기하면 대학에 가기 쉽지 않잖아요. 수학만큼은 부모님께서 어느 정도 학습 지도를 거들어주셔야 해요. 학원에서 푸는 교재가 있다면 그걸 기본으로 삼되, 전적으로 학원에 의존하기보다는 틀린 부분을 다시 봐주거나 필요한 교재를 보충하는 식으로 서포트해주세요. 아이의 실력을 탄탄하게 만들 수 있는 다양한 방법을 아이와 함

수학에 강한 아이를 만드는 초등 수학 공부법

께 모색해보세요.

수학 잘하는 아이의 부모님은 다들 자기만의 비법이 조금씩 있더라고요. 그런데 확실한 건 초등 수학 로드맵과 아이의 성향을 고려해 진도와 난이도를 조절하면서 학습을 지도해야 한다는 점이에요.

학년별 문제집에 숙달되면 그다음에는 경시대회용 문제집을 볼 차례인데요. 이 정도 단계에 접어들면 선택지가 판이하게 갈려요. 왜냐하면 영재원, 영재고를 준비하는 아이라면 경시대회용 문제집이 필수지만 그렇지 않으면 시간 낭비일 수 있거든요. 차라리 수능 수학 고득점을 목표로 심화 부분을 좀 더 파고들거나, 선행학습을 진행하시는 게 나을 수 있어요.

KMO는 수능과는 방향성 면에서 차이가 있고, 준비하는 데 시간도 너무 오래 걸립니다. 이 부분을 명확히 인지하지 못한 채 학원 설명만 듣고 혹해서 뛰어드는 경우도 많은데요. 나중에 현실을 깨닫고 고등학교에 가서 엄청 후회하는 경우도 많아요. '차라리 그 시간에 다른 주요 과목을 공부했으면 좋았을 텐데.' 하면서요.

만일 초등학교 수준에서 특출난 성과를 보이는 아이라면 좋은 자극을 받기 위해 KMO와 같은 수학경시대회 정도는 도전해보시는 게 좋아요. 단 KMO는 시간이 너무 걸리고 내신과 수능을 벗어난 범위도 많이 포함되어 있어 주의가 필요합니다. 최근에는 수학에 조금만 재능을 보여도 너도나도 KMO에 도전하는 분위기더라고요. 실제로 낭패를 보는 경우가 많아 다시 한번 주의를 당부합니다.

예를 들어 서울대 의대를 합격한 두 아이가 있다고 가정해봅시다. 한 친구는 KMO를 준비하고, 한 친구는 일찍이 경시대회가 아닌 내신과 수능 쪽으로 초점을 맞췄다고 가정해봅시다. KMO를 준비해 영재고를 간 다음 서울대 의대를 가든, 일반고에서 내신과 수능 공부에만 집중해 서울대 의대를 가든 똑같은 서울대 의대잖아요? 최종 종착지는 동일하지만 공부량은 누가 더 많았을까요? 대략 짐작되시죠?

초등 수학경시대회용 문제집으로는 『3% 디딤돌 초등수학 올림피아드』를 비롯해 각종 영재원용, 경시대회용 문제집이 대표적입니다. 테스트 삼아 풀게 하면 내 아이의 수학적 깊이와 실력을 가늠해볼 수 있을 거예요. 만일 힘들어 한다면 꼭 강요할 필요는 없습니다. 수능과는 다소 차이가 있기 때문에 풀지 못한다고 걱정할 필요도 없고요.

4. 수학도서

마지막 단계로는 수학도서입니다. '도서'는 일반 문제집과는 달라요. 수학도서란 수학과 관련된 아주 재미있는 책을 뜻하는데, 『수학 귀신』 『수학 비타민』 등을 말합니다. 이런 책을 많이 읽게 권장했더니 어느 날 아이가 모든 건물이 수학처럼 보인다고 이야기하더라고요. 수학이 생활화되면 자연스레 문제에 대한 몰입도도 높아집니다. 수학도서를 통해 수학문제가 실생활과 연결되어 있다는 효능감을 느끼면 수학 실력이 차곡차곡 늘게 됩니다.

이상으로 수학 공부의 4대 축을 알아봤는데요. 당장은 아이의 실력이 느는 것 같지 않더라도 꾸준히 적용하고 시도해보세요. 아이가 잘 따라오지 못하면 머리에 김이 올라올 만큼 욱하는 때도 많고, 깊은 인내심을 요하는 때도 많은데요. 큰 그림을 그리고 꾸준히 실천하면 어느 순간 실력이 껑충 늘더라고요.

저희 집은 수학을 본격적으로 배우기 전에 영어 공부에 집중했는데, 아이가 영어를 공부하면서 나름대로 학습법을 터득하더니 그때부터는 다른 과목에도 비슷한 방법을 잘 적용하더라고요. 덕분에 아이가 자신의 성향에 맞게 학습할 수 있도록 환경만 잘 조성해주면 어떤 과목이든 잘해낼 것이라는 확신이 생겼죠. 처음엔 조금 어렵겠지만 공부법을 터득하면 아이 나름대로 길을 찾을 겁니다. 그러니 힘들더라도 조금만 힘내보자고요!

KEY POINT

수학 공부는 크게 연산, 사고력, 학년별 문제집, 수학도서 이렇게 4대 축으로 나눠볼 수 있어요. 이 영역을 아이의 수준에 맞게 잘 적용하면 됩니다.

수학에 강한 아이를 만드는 초등 수학 공부법

수학 잘하는 아이는
무엇이 다를까?

수학 잘하는 아이는 어딘가 특별해 보이고, 비법이 궁금하고, 부모님은 어떤 분이신지, 어떤 환경에서 학습했는지 등 알고 싶은 게 정말 많으시죠? 당연한 궁금증일 텐데요. 수학 잘하는 아이들에겐 비슷한 공통점이 있다는 사실, 알고 계셨나요? 초등학교 시기에 수학 실력을 높이기 위해서는 반드시 부모님의 조력이 필요합니다. 거기에 특성을 파악한 아이만의 공부법, 공부에 집중할 수 있는 집안 분위기, 좋은 공부 자극을 받을 수 있는 주위 환경, 정확한 수학 공부 로드맵 등 여러 요인이

복합적으로 연계되어 있는데요. 이렇게 올바른 방향으로 '꾸준히' 학습한다면 평범한 아이도 수학영재로 거듭날 수 있습니다.

유명 수학 강사의 자녀도 아니고, 금수저도 아닌 평범한 아이가 수학영재로 거듭나는 과정을 보면 뭐니 뭐니 해도 역시 부모의 헌신과 노력을 빼놓을 수 없더라고요. 부모의 조력이 뒷받침되지 않으면 아이가 아무리 똑똑해도 소용없다고 생각합니다. 그러니 이 책을 통해 초등 수학 공부 노하우를 습득하시고 자녀에게 적용해보시기 바랍니다. 시간이 흘러 여러분의 자녀가 수학에 강한 아이로 자리매김한다면 상상만 해도 기분 좋지 않나요?

🖊 수학영재를 만드는 네 가지 방법

여기서 잠깐, 아무리 마음이 급해도 꼭 지켜야 할 수칙이 있어요. 첫째, 꾸준하게 지도하기. 둘째, 자녀로 하여금 트라우마가 생기지 않도록 강압적인 행동은 하지 않기. 셋째, 아이보다 앞서는 행동 자제하기입니다. 이 수칙은 반드시 지키셔야

수학에 강한 아이를 만드는 초등 수학 공부법

해요. 그럼 본격적으로 아이를 수학영재로 만드는 네 가지 방법을 살펴보겠습니다.

1. 끊임없는 공부 자극

수학에 강한 아이는 주변에 대개 좋은 공부 자극을 주는 환경요소가 있어요. 수학 잘하는 친한 친구나 아는 형, 누나로 인해 자극을 받고 수학 공부에 열을 올리는 경우가 의외로 많아요. 제 아들도 수학 잘하는 동네 형에게 자극을 받아 수학 공부에 정진한 케이스입니다. 이전까지는 영어와 중국어 같은 언어쪽을 더 좋아하는 편이었죠. 만약 그 나이 때 수학 잘하는 동네형을 만나지 못했다면 문과생이 되었을지 몰라요.

저는 아이에게 적절한 공부 자극를 제공해주는 일이 값비싼 수학학원에 보내는 것보다 더 중요하다고 생각해요. 아이로 하여금 수학을 잘할 수 있고 좋아할 수 있는 환경을 제공함으로써 성적도 오르고 재미도 느끼는 일석이조의 효과를 노려보자고요. 만약 주변에 동기 부여에 도움될 만한 롤모델이 없다면 어느 정도 기초를 다진 후 친한 친구와 경쟁을 붙이거나, 조그만 학원이라도 보내서 다른 원생들과 함께 공부하게 하셔야 해요.

2. 끈기와 근성

수학에 강한 아이는 문제가 아무리 어려워도 끝까지 끈기 있게 푸는 근성이 있습니다. 이런 근성은 수학에서 아주 중요한 요소인데요. 끈기와 근성은 하루아침에 생길 수 없어요. 끈기와 근성을 키우고 싶다면 모르는 문제가 생길 때마다 답지를 찾아보는 일은 없도록 해야 해요. 하루든 일주일이든 한 달이든 충분히 고민하고 시도해볼 수 있도록 시간과 기회를 주세요. 답답하시겠지만 풀지 못한다고 다그치거나 풀이과정을 일일이 짚어주시면 안 됩니다.

며칠이고 아이가 충분히 고민하고 풀이를 시도할 수 있도록 문제를 책상 앞이나 냉장고 문에 붙여두세요. 문제가 '탁!' 하고 풀리는 순간 그 쾌감은 이루 말할 수 없습니다. 아이는 충만한 기쁨을 느끼고 어떤 문제든 풀 수 있다는 자신감을 갖게됩니다. 일일이 모든 문제를 그렇게 며칠씩 고민하는 건 비효율적이니, 한두 문제 정도만 과제처럼 시도할 수 있게 지도하는 것을 권합니다.

일단 끈기와 근성이 생기면 웬만해선 포기하지 않고 문제가 풀릴 때까지 노력하는 모습을 보일 거예요. 난제를 다양한 측면에서 바라봄으로써 폭넓은 시야도 가지게 되고요. 진짜

'수학머리'가 생기는 겁니다. 이건 꼭 시도해보셨으면 좋겠어요. 당장은 큰 변화를 느끼지 못할 수 있지만 시간이 지나면 긍정적인 효과를 보실 겁니다.

3. 선의의 경쟁자

주변에 좋은 경쟁자가 있으면 선의의 경쟁을 펼칠 수 있어 좋습니다. 아무리 머리가 똑똑해도 함께 달릴 수 있는 '페이스메이커'가 옆에 없으면 공부에 금방 흥미를 잃을 거예요. 선의의 경쟁자를 옆에 둘 수 있도록 부모님께서 꼭 지원해주셔야 합니다.

4. 자신감

수학시간에 자신감 없는 아이, 문제 앞에 주눅 드는 아이는 수학 실력을 키우기 힘들어요. 문제를 틀리더라도 '나는 할 수 있어.' '수학만큼은 내가 최고야.' 하는 프라이드를 잃지 말아야 합니다. 자존감이 뒷받침되지 않으면 난도가 조금만 높아져도 기가 꺾입니다. 제 아들은 자진해서 친구들과 수학 배틀도 하고, 학원 원장선생님이 못 푸는 수준의 문제까지도 새벽 내내 바닥에 A4용지를 수십 장씩 깔아놓고 푼 적도 있어요. 어려운 문제에 당당하게 도전하는 자신감이 없으면 있을 수 없는 일이죠.

자신감을 키우는 건 생각보다 간단해요. 수학 성적이 조금이라도 오르면 부모가 진심으로 행복해하며 아이를 칭찬하는 겁니다. "왜 이것밖에 못했어?" "학원 친구는 100점이라던데, 너도 좀 더 잘하지 그랬어." 하고 아이 기를 죽이는 말을 하면 어떻게 될까요? 아무리 성적이 올라도 자존감은 낮아질 겁니다. 학원을 다닌다면 학원이 끝나고 집에 왔을 때 더 반갑게 대해주고 수고했다며 토닥거려주세요. 엄마의 칭찬과 격려, 응원이 쌓이면 아이도 '내가 수학에 재능이 있구나!' 하고 생각하게 됩니다. 그때부터는 놀라운 속도로 실력이 쌓이기 시작해요.

물론 높은 자신감이 자만심으로 이어져서는 안 되겠죠. 실제로 주변을 보면 유독 수학 잘하는 아이들 중에 암기과목에 약한 아이가 많은 것 같지 않나요? 그 이유는 문제를 이해하는 데 많은 시간을 할애하는 수학의 특성 때문이에요.

단순 암기는 지루하고 재미없다는 이유로 싫어하는 경우가 종종 발생해요. 이러한 성향이 고학년 때까지 이어지면 되돌리기 어려울 수 있어요. 그래서 암기과목은 암기과목대로, 수학은 수학대로 올바른 학습 스타일을 함양할 수 있도록 지도하

수학에 강한 아이를 만드는 초등 수학 공부법

셔야 해요. 수학을 잘하는 건 좋지만 나중을 생각해서 너무 수학에만 쏠리지 않도록 신경 써서 지도해주세요.

가끔은 우리나라의 학구열이 너무 과한 것 같아 회의감이 들곤 하시죠. 그런데 우리나라만의 문제는 아니더라고요. 몇 년 전, 아들 친구 부모님의 초대로 영국에서 다른 학부모님들을 만난 적이 있는데요. 학부모 한 분은 옥스퍼드대학 건물 설계를 총괄한 세계적인 건축가셨고, 다른 한 분은 옥스퍼드대학 교수셨어요. 석학들의 자녀교육관이 궁금해 물어보니 한국 못지않게 학구열이 엄청나게 높더라고요. 어떻게 보면 세상에 쉽게 되는 일은 하나도 없는 것 같아요.

KEY POINT

평범한 아이가 수학영재로 거듭나는 과정을 보면 뭐니 뭐니 해도 역시 부모의 헌신과 노력을 빼놓을 수 없더라고요. 부모의 조력이 뒷받침되지 않으면 아이가 아무리 똑똑해도 소용없다고 생각합니다. 아이를 수학영재로 키우기 위해서는 좋은 공부 자극을 제공하고, 끈기와 근성을 키울 수 있게 돕고, 선의의 경쟁자를 옆에 두고, 아이가 자신감을 가질 수 있게 도와야 합니다.

공부 습관을 형성하는
결정적인 시기

수학 만점자 최수혁 군은 2022년 12월 14일 〈뉴스1〉 인터뷰에서 공부 습관의 중요성에 대해 다음과 같이 이야기합니다.

"공부는 매일매일 꾸준하게 하는 게 중요하지 않을까 생각한다. (문제를) 한 번 보고 넘어가는 건 무조건 머리에서 증발할 가능성이 크다. 주기적으로 복습하면서 아는 것도 다시 생각해보고, 모르는 건 왜 그런지 반복적으로 생각해야 한다. 그래야 시험장에서 바로바로 떠오른다."

수학에 강한 아이를 만드는 초등 수학 공부법

흥미롭게도 최수혁 군은 공부가 재미있었냐는 질문에 단호히 "아니다."라고 답했습니다.

"그렇다고 싫어하지는 않는다. 공부는 습관처럼 하는 것 같다. 사실 문제를 처음 풀 때는 누구나 답답하고 잘 모른다. 이걸 조금만 버티고 반복 횟수를 늘려가면 어느 순간 문제가 쉬워지고, 깊은 생각까지 할 수 있게 되는 시점이 분명히 있다. 당장 잘 안 되더라도 조금만 버티고 꾸준하게 노력하면 충분히 좋은 결과가 있을 것이다."

초등학교는 효율적인 '공부 습관'을 들이는 정말 중요한 시기입니다. 사실 자녀가 초등학교 저학년이라면 이 말이 피부로 와 닿지 않을 거예요. "너무 유난 같아요. 벌써부터 공부 습관을 들인다고 애를 잡다니요." 하는 말이 나올 수 있어요. 더군다나 초등학교 저학년 때는 학교 시험도 없고, 아이 실력을 정확히 가늠하기도 어렵죠. 그래서 옆길로 새서 학원을 찾아가 레벨테스트로 아이의 실력을 가늠하는 위험천만한 일을 시도하는 경우가 많아요. 저학년 시기에 학원을 보내는 게 위험한 이유는 학원교육과 입시의 방향성이 다른 경우가 많기 때문입니다. 또 공부 습관을 들이지 않은 상태에서 학원 숙제만 떠안으면 아이가 아예 공부에 흥미를 잃을 수 있어요.

초등학교 저학년 시기에 공부 스트레스를 주기 싫어서 아이가 놀이활동에만 집중하게 방치하면 무슨 일이 벌어질까요? 기껏 행복하고 자존감 넘치게 키웠는데 중고등학교에 가서 뒤늦게 공부를 하려고 하면 아이가 스트레스로 무너질 수 있어요. 어렵게 쌓은 행복과 자존감은 온데간데없이 사라질 것입니다. 공부도 다 때가 있다고 하지만 과연 나중에 '때'가 되면 아이가 갑자기 변해서 공부를 열심히 할까요? 공부가 인생의 전부는 아니라지만 학생이 '학생(學生)'인 이유를 떠올려보시기 바랍니다. 공부는 자신의 진짜 재능을 발견하는 중요한 통로 역할을 합니다.

📝 공부 습관, 어떻게 잡을까?

그럼 이렇게 중요한 공부 습관, 어떻게 잡아야 좋을까요? 저는 다음의 여섯 가지 방법을 추천합니다.

수학에 강한 아이를 만드는 초등 수학 공부법

1. 공부 따로, 공부 습관 따로는 금물

첫 번째로 할 일은 공부를 하면서 동시에 공부 습관을 잡는 것입니다. 간혹 공부 따로, 공부 습관 따로 아이를 지도하는 경우가 있는데 이 두 가지는 절대 별개의 영역이 아닙니다. 또한 공부 습관을 잡는 과정은 강압적이어서는 안 됩니다. 우리는 아이를 잡는 게 아니라 습관을 잡는 거잖아요. 아이가 학습이나 독서 등을 할 때 능률적으로 공부할 수 있도록 옆에서 도와주는 것만으로 충분합니다.

예를 들어 아이가 수학 공부를 하면 책상에서 조용히 집중할 수 있도록 환경을 조성해주고, 그 과정에서 무언가를 잘했다면 아낌없이 칭찬해주세요. 집중하는 시간이 채 10분이 안 되더라도 성취감을 느낄 수 있도록 칭찬해주세요. 아이가 딴짓을 한다고 "좀 진득하게 앉아 있어!" "숙제는 다하고 그러는 거야?" 하고 다그치시면 안 됩니다. 초등학생 아이는 당연히 산만할 수밖에 없어요. 집중하는 시간이 조금씩 늘어나면서 자신만의 공부 습관을 형성하게 됩니다.

만약 그래도 혼자 오래 앉아 있지 못한다면 엄마와 함께 공부하는 시간을 늘려주세요. 아이가 어느 정도 공부에 익숙해진 다음, 독립적으로 할 수 있게 지도하는 편이 효과가 좋더라고요. 또 아이가 좋아하는 놀이활동을 하게 하되, 엄마가 옆에서 책을 읽어주거나 학습을 지도하면서 공부 습관을 잡는 방법도 좋습니다.

공부 잘하는 것만큼 중요한 게 바로 '인내심'입니다. 어린아이가 처음부터 인내라는 걸 어떻게 잘할 수 있겠어요. 책상에서 주어진 과제를 조금씩 해내면 포상도 주시고, 결과와 무관하게 어쨌든 무언가 노력했다면 아낌없이 칭찬해주세요. 아이 나름대로 더 잘해보려 애쓰고 시행착오도 겪다 보면 인내력과 공부 습관은 자연스럽게 생깁니다.

2. 방마다 공부할 수 있는 환경 조성하기

두 번째는 집안 환경입니다. 오롯이 공부만 하는 공부방을 따로 두기보단, 언제 어디서든 편하게 공부할 수 있게 책상을 방마다 배치하는 것입니다. 이 방법은 여섯 남매를 모두 예일대학, 하버드대학 등 명문대에 진학시킨 전혜성 박사의 노하우인데요. 제가 아이를 키우는 데 큰 영감을 주신 분이기도 해요. 거실을 포함해 모든 공간에 책상을 배치함으로써 아이가 습관처럼 공부할 수 있게 유도하는 겁니다.

공부를 꼭 한자리에서 진득하게 해야 하는 건 아니잖아요.

수학에 강한 아이를 만드는 초등 수학 공부법

방에서 하다가 화장실에서도 할 수 있고, 가끔은 거실과 부엌에서도 할 수 있겠죠. 이곳저곳 장소를 옮겨가며 공부해도 능률이 떨어지지 않도록 좋은 환경을 제공해주세요. 특히 집중력이 떨어지고 산만한 초등학교 시기에 유효한 방법입니다.

제 아들의 친구 중에 서울과학고등학교에서 1등을 놓치지 않던 아이가 있었는데요. 그 친구도 집중이 잘 안 될 때는 여기저기 장소를 바꿔가며 공부했다고 하더라고요. 그 이야기를 듣고 저는 속으로 '아~ 이 친구도 전혜성 박사님의 비법을 따라 했나?' 생각했죠. 물론 이 방법은 모든 아이에게 유효한 방법은 아니에요. 밀폐되고 조용한 나만의 공간을 좋아하는 아이라면 공부방만 잘 조성해줘도 충분하겠죠. 제 아들은 널찍한 테이블에서 편안하게 공부하는 걸 좋아하고 밀폐된 곳은 정말 싫어하더라고요. 아이마다 좋아하는 학습 공간이 다르니 성향에 맞는 환경을 제공할 필요가 있어요.

참고로 공부 습관을 잡기 위해 억지로 '30분씩 책상에 앉아있기' '15분간 딴짓하지 않기' 등을 강요하는 훈련보다는, 여러 공부법을 제안하고 방법마다 학습 효과는 어떤지 등을 함께 체크하고 격려해주는 편이 훨씬 효과적이에요.

3. 부모가 함께 공부하기

　세 번째는 아이가 공부하는 시간에 부모도 함께 공부하는 거예요. 밀린 집안일을 다해놓고 아이가 하교 후 공부할 때 우리도 함께 책을 읽든, 자격증 준비든 공부를 하는 거죠(할 게 없다면 하다못해 신문이라도 읽어봅시다). 부모가 게으르고 노는 모습을 보이면서 아이에게 공부하라고 강요하는 건 그리 좋은 방법은 아닌 것 같아요. 여섯 남매를 명문대에 진학시켜 글로벌 리더로 키운 전혜성 박사는 아이들에게 "공부하라."라고 말하지 않고 "공부하자."라고 말했다고 해요. 집에 책상을 여럿 두고 남편과 자신이 먼저 공부하는 모습을 보이며 솔선수범한 것이죠.

　공부하라는 열 마디 잔소리보다 부모가 공부하는 모습을 한 번이라도 보여주는 게 더 효과적이라고 생각해요. 자식은 부모의 뒷모습을 보고 자란다고 하잖아요. 컨설턴트로서 학부모님들과 상담할 때면 저는 자주 깜짝 놀라곤 해요. 상담 오신 학부모님들과 자녀가 너무 많은 부분에서 흡사한 모습을 보이기 때문이에요. 심지어 다리를 떨거나 시선을 이리저리 돌리는 특이하고 사소한 버릇까지도요.

　세월이 흘러 제 자식도 성장하고 보니 남편과 제 모습을 혼

재해서 갖고 있더라고요. 그러니 아이를 정말 멋지게 키우고 싶다면 우리부터 멋진 부모, 감동을 주는 부모가 되어야 합니다. 사실 저희 집은 따로 공부 습관을 들이기 위해 노력하지 않았어요. 어릴 때는 같이 책상에서 공부를 도와주고, 커서는 도란도란 각자의 일을 책상에서 하다 보니 공부가 일상이 되더라고요. 여러분도 너무 큰 부담 갖지 마시고 그냥 아이와 함께 공부하면서 일상을 공유하는 시간을 가져보세요.

4. 공부 계획 시각화하기

네 번째는 아이와 함께 공부 계획을 세우고 계획표를 만들어 시각화하는 것입니다. 계획표를 눈에 잘 보이게 책상 앞에 붙이고 'OX'나 칭찬 스티커를 활용해 그날그날 잘한 부분과 못한 부분을 피드백해주세요. 오늘 어떤 공부를 해야 하는지, 그리고 오늘 하루 열심히 공부했는지 주 단위나 한 달 단위로 볼 수 있게 표시하는 것입니다.

저희 집은 혹여 아이가 자신만 평가받는 것 같아 억울해 할까 덩달아 제 스케줄도 함께 붙여두고 아이가 평가하게 했는데요. 이렇게 눈으로 시각화해서 대략적으로 계획표를 작성하면 좀 더 동기 부여도 되고, 계획과 실천 여부를 신경 쓰는 것 같더라고요. 이뿐만 아니라 아이가 가고자 하는 꿈의 대학이나 되고 싶어 하는 롤모델의 사진도 함께 붙여두면 효과가 더 커진답니다.

5. 공부하는 '이유' 찾아주기

다섯 번째는 공부하는 이유를 찾아주는 것입니다. 부모들은 보통 일방적으로 공부의 필요성과 당위성을 주입하듯이 설명하잖아요? 아이가 스스로 공부해야 하는 이유를 찾으면 주도적으로, 책임감을 갖고 공부하게 되더라고요.

6. 규칙적으로 일찍 일어나게 하기

공부 습관 못지않게 너무 중요한 게 있는데요. 그건 바로 일찍 일어나는 습관입니다. 공부 습관과 함께 꼭 신경 쓰셨으면 해요. 어릴 때는 깨우면 칭얼거리기는 하지만 그래도 잘 일어나잖아요? 그때 방심하고 일찍 자고 일찍 일어나는 습관을 잘 잡아주지 않으면 학년이 올라갈수록 큰 문제가 될 수 있어요. 고학년 때 매일 아침 부모가 지각하지 않도록 깨우고 아이는 화내고 짜증내고 전쟁 아닌 전쟁이 펼쳐집니다. 아침마다 부모와 다투면 학교에 가서도 공부에 집중하기 어렵겠죠. 부모

수학에 강한 아이를 만드는 초등 수학 공부법

인 우리도 하루 종일 기분이 좋지 않고요.

저희 집도 아이 기상 습관 문제 때문에 꽤 머리가 아팠는데요. 늦잠을 자주 자서 속 썩은 적이 한두 번이 아니었어요. 초등학교 저학년 때 시간은 알차게 잘 쓰고 수면은 충분히 취하자는 생각으로 지도했는데, 제가 이 문제를 너무 쉽게 생각했나봅니다. 어릴 때는 크게 문제된 적이 없는데 학년이 올라갈수록 문제가 되더라고요. 공부 습관만큼이나 일찍 일어나는 습관도 중요합니다. 그러니 여러분은 기상 습관을 꼭 잘 지도해주세요.

KEY POINT

공부 습관을 잡는 방법은 다음의 여섯 가지입니다.

1. 공부 따로, 공부 습관 따로는 금물
2. 방마다 공부할 수 있는 환경 조성하기
3. 부모가 함께 공부하기
4. 공부 계획 시각화하기
5. 공부하는 '이유' 찾아주기
6. 규칙적으로 일찍 일어나게 하기

초등학교 수학이
미래를 결정한다

국내 수학계에 '겹경사'가 났지만, 학생들 사이에서는 '수포자'가 늘고 있다. (···) 한국교육과정평가원에 따르면 지난해 9월 시행해 지난달 발표한 '2021년 국가수준 학업성취도 평가'에서 수학 기초학력이 미달인 '1수준'인 학생 비율은 중학교 3학년 11.6%, 고등학교 2학년 14.2%였다. 최근 5년간 이 비율을 보면 고2는 2017년부터 9.9%→10.4%→9%→13.5%→14.2%로, 중3은 7.1%→11.1%→11.8%→13.4%→11.6%로, 등락이 반복되기는 하지만 대체로 오름세다. 더 눈에 띄는 부분은

　　　　수학에 강한 아이를 만드는 초등 수학 공부법

'보통학력'인 3수준 이상의 비율이 크게 떨어졌다는 것이다. 중3은 67.6%→62.3%→61.3%→57.7%→55.6%로, 고2는 75.8%→70.4%→65.5%→60.8%→63.1%로 하락세다. 수학 기초학력은 떨어지고 중상위권은 얇아졌다는 뜻이다.

〈연합뉴스〉 2022년 7월 6일 기사입니다. 허준이 교수가 한국 최초로 수학 분야의 노벨상이라 불리는 필즈상을 수상했고, IMU(국제수학연맹)가 부여하는 국가수학등급에서 최고등급인 5그룹을 받았지만 한국 교육계의 현실은 어두운 상황입니다. 수포자가 계속 늘고 있기 때문인데요.

'사교육걱정없는세상'의 조사 결과, 고등학교 2학년 학생 중 32.3%가 자신을 수포자라고 생각한다고 답변했습니다. 교사들의 인식도 크게 다르지 않아서 고등학교 수학 교사의 37%가 자신이 가르치는 학급의 수포자 비율이 20~40%에 달한다고 답했습니다.

고등학생 3명 중 1명꼴로 수포자라니 문제가 심각하지 않나요? 그래서 이번에는 초등학교 시기에 꼭 수학의 기초를 다져야 하는 이유에 대해 말해보려 합니다.

초등학교 수학에 입시가 달려 있다

요즘엔 꼭 공부가 아니어도 진로탐색을 위해 여러 가지 체험활동을 장려하는 부모님들이 많으시죠. 아이마다 재능이 다르니 양육에서 다양성은 존중받아야 한다고 생각해요. 그런데 아이가 막상 중고등학교에 올라가고 성적과 순위가 매겨지면 상황이 달라집니다. 대입이 다가올수록 부모들은 마음이 급해지고 전혀 신경 쓰지 않던 공부에 갑자기 신경을 쓰면서 아이와 마찰을 빚게 됩니다.

아이와 부모 사이에 갈등을 제일 많이 빚는 과목이 바로 수학인데요. 수학은 벼락치기도 불가능하고 많은 시간과 노력이 필요한 영역이기 때문입니다. 중고등학교 때 뒤늦게 매진한다고 해서 단기간에 성적이 오를 수 없습니다. 수학에 흥미를 완전히 잃어 수포자가 되기라도 하면 대입에는 큰 치명타입니다. 또 학년이 올라갈수록 공부해야 하는 과목의 수가 늘어나다 보니 수학에만 매진할 수 없어 수포자가 되는 경우도 있습니다. 이 경우 부모도 자녀도 정신적으로 방황하는 경우가 정말 많아요.

수학에 강한 아이를 만드는 초등 수학 공부법

다급하게 고액 과외비며 학원비며 돈을 쏟아부어도 쉽지 않은 게 현실이죠. 그래서 가능하면 시간적 여유도 있고, 성적에 민감하지 않아도 되는 초등학교 시기에 재밌게 놀이처럼 수학에 접근할 필요가 있습니다.

더군다나 초등 저학년은 연산기능을 하는 좌뇌가 발달하는 시기이고, 초등 고학년은 수학적 사고력과 연관 있는 두정엽과 후두엽이 발달하는 중요한 시기입니다. 그러니 초등 저학년 때부터 수학을 놀이처럼 재밌게 접할 수 있게 도와주셔야 해요. 설령 당장 뛰어나게 수학을 잘하지 못하더라도 수학적 사고를 할 수 있는 환경에 꾸준히 노출된다면 중고등학교 때 뒷심으로 치고 올라갈 수도 있습니다. 여기서 주의해야 하는 점은 초등학교 때는 수학을 잘하는 것보다 좋아하게 만드는 게 가장 중요한 목표라는 것입니다. 아이가 서툴다고 혼내거나, 조금 잘한다고 몰아쳐서 수학에 흥미를 잃는 일은 없도록 합시다.

인지신경 심리학자 브라이언 버터워스 교수는 "수학영재들의 유일한 공통점은 수학 공부하는 시간이 많다는 것이다."라고 이야기했는데요. 어떻게 보면 너무 당연한 말이지만 그만큼 시간을 많이 투자해야 하는 과목임은 분명한 것 같아요. 초등학교 시기에 여러 방면으로 수학적 사고력과 해결력을 터득한다면 자연스럽게 수학에 대한 호기심도 생길 것입니다.

물론 진로탐색도 중요하고, 아이의 적성을 찾고 탐구하는 시간도 필요합니다. 여기에 더불어 조금만 시간적 여유를 내서 수학에 할애해보면 어떨까요? 두정엽이 발달하는 시기에 수학을 놀이처럼 배운다면 당장 두각을 드러내지 않더라도 훗날 입시에 큰 도움이 될 거예요.

수포자 되면 뇌에 생기는 일

옥스퍼드대학 연구팀에 의하면 수학 공부를 중단한 학생들은 추론력, 기억력과 같은 인지기능에 영향을 미치는 중요한 아미노산인 가바(GABA; Gamma-Aminobutyric Acid)가 다른 학생들보다 적게 나타났다고 합니다. 즉 학습 능력이 떨어진다는 건데요. 영국은 16세에 수학교육을 계속 받을지 중단할지 결정할 수 있어서, 16세 이후에도 수학을 배우는 학생은 전체의 약 20%에 불과하다고 해요. 연구진은 가바의 수치만 보고 수학을 공부하는 학생과 포기한 학생을 구별할 수 있었고, 아울

수학에 강한 아이를 만드는 초등 수학 공부법

러 가바의 양으로 미래의 수학적 성취도를 예측해내는 데 성공합니다.

연구를 주도한 옥스퍼드대학 인지신경과학과 로이 카도쉬 교수는 다음과 같이 말했습니다.

"수학 실력은 취업, 사회 경제적 지위, 정신적·육체적 건강 등 다양한 요소와 관련 있다. 개인적으로 수학을 좋아하지 않는 학생에게 수학을 계속 공부하도록 강요하는 것은 올바른 전략이 아니다. 대신 수학처럼 두뇌 영역을 쓸 수 있는 논리 및 추론 훈련 등의 대안을 찾아야 한다."

수학을 공부하면 가바가 늘어나고, 이는 수학 과목뿐만 아니라 학습 전반에 영향을 미친다는 건데요. 따라서 꼭 수학을 잘하지는 않더라도 최소한 수포자는 면할 필요가 있습니다. 자녀가 필즈상을 수상한 허준이 교수만큼 천재까지는 아니어도, 어디서든 유능하다는 말을 듣고 취업할 때 러브콜을 받는 사람이 된다면 더할 나위 없이 좋지 않겠어요?

세상에 잘 적응하고 리더십을 발휘할 수 있는 인재로 키우기 위해서는 최소한 수포자만큼은 벗어나야 합니다. 초등학교 시기에 미리 수학의 기초를 다지면 나중에 아이가 어떤 진로를 선택하더라도 꿈을 이룰 확률이 높아질 것입니다.

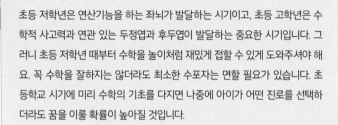

KEY POINT

초등 저학년은 연산기능을 하는 좌뇌가 발달하는 시기이고, 초등 고학년은 수학적 사고력과 연관 있는 두정엽과 후두엽이 발달하는 중요한 시기입니다. 그러니 초등 저학년 때부터 수학을 놀이처럼 재밌게 접할 수 있게 도와주셔야 해요. 꼭 수학을 잘하지는 않더라도 최소한 수포자는 면할 필요가 있습니다. 초등학교 시기에 미리 수학의 기초를 다지면 나중에 아이가 어떤 진로를 선택하더라도 꿈을 이룰 확률이 높아질 것입니다.

수학에 강한 아이를 만드는 초등 수학 공부법

올바른 선행학습은
따로 있다

"선행학습을 꼭 시켜야 할까요?" "지금도 학교에서 진도를 곧잘 따라가는데 문제없지 않나요?" '선행학습'이라고 하면 부작용을 우려하고 걱정하시는 학부모가 많습니다. 무리하게 선행학습을 시키면 공부에 흥미를 잃을까 덜컥 겁이 나기도 하죠. 올바른 선행학습 방법은 따로 있으니 걱정하지 않으셔도 된다고 말씀드리고 싶어요. 무엇보다 수학은 선행학습이 반드시 필요한 과목입니다.

선행학습을 해야 하는 이유는 저학년 때 미리 진도를 빼두

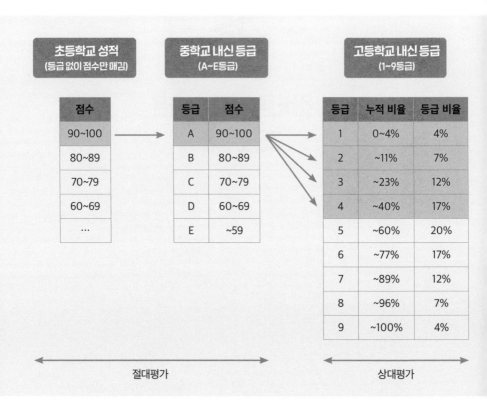

초등학교 성적 (등급 없이 점수만 매김)		중학교 내신 등급 (A~E등급)		고등학교 내신 등급 (1~9등급)		

점수
90~100
80~89
70~79
60~69
…

등급	점수
A	90~100
B	80~89
C	70~79
D	60~69
E	~59

등급	누적 비율	등급 비율
1	0~4%	4%
2	~11%	7%
3	~23%	12%
4	~40%	17%
5	~60%	20%
6	~77%	17%
7	~89%	12%
8	~96%	7%
9	~100%	4%

절대평가   상대평가

면 수능 준비로 바쁜 고등학교 2~3학년 시기를 시간에 허덕이지 않고 수월하게 보낼 수 있기 때문이에요. 훗날 엄청난 공부량으로 스트레스를 받지 않기 위해 미리 준비하는 과정이라고 보시면 됩니다.

그런데 간혹 초중학생 자녀를 둔 학부모님들 중에 "제 아이

수학에 강한 아이를 만드는 초등 수학 공부법

는 지금 성적이 좋은데요?" "저번 수학 시험에서 90점을 받았는데 잘한 거 아닌가요?" 하고 말씀하시는 경우가 있어요. 아이가 초등학교에서 높은 성적을 받고, 중학교에서도 3년 내내 A등급을 유지한다면 기대가 이만저만이 아닐 것입니다. 그런데 문제는 고등학교 내신은 상대평가라는 거예요(참고로 교육부에서 고교 내신 성적을 절대평가로 전환하는 등의 내용을 담은 고교학점제 보완방안을 논의 중이라 해요. 만일 수학이 절대평가로 바뀐다면 난이도가 높아질 확률이 높습니다). 초등학교 때 90점이라고 해서, 중학교 때 A등급이라고 해서 고등학교 내신 1등급이 보장되는 것은 아닙니다. 중학교 때는 성적을 9개 등급으로 세분화하지 않고 뭉뚱그려 A~E 5개 등급으로 구분하기 때문에, 중학교 때 A등급이라고 해서 다 같은 A등급이 아닌 거죠. 그러니 초중학교 때 수학 성적이 좋다고 안심해서는 안 됩니다.

수학 선행학습은 다른 과목에 비해 시간이 가장 오래 걸리기 때문에 아이가 할 수 있는 만큼만, 아이의 역량만큼만 진도를 나가야 해요. "교과서 위주로 공부했어요." "학원은 다니지 않고 집에서 공부했어요."라는 SKY 합격자 인터뷰에 더 이상 현혹되지 마시고 적극적으로 선행학습에 임하시기 바랍니다. 저도 한때 교과서에 충실했다는 수능 고득점자의 말을 믿고 아이에게 그냥 마냥 놀라고 권장하던 때도 있었습니다. 지금 생각하면 참 아찔해요. 실제로 아이를 명문대에 보낸 제 주변 지인들 중에 선행학습을 시키지 않은 학부모는 없었거든요.

선행학습을 거창하고 어렵게 생각하지 마세요. 그냥 자기 학년 수학의 기본과 심화 과정을 꼼꼼히 배우고 만일 아이가 어려워하면 심화를 좀 천천히 나가고 기본에 충실한 다음, 남는 시간을 활용해 선행학습을 하시면 됩니다.

제 아들의 경우 선행학습이 두 가지 측면에서 굉장히 큰 도움이 되었는데요. 하나는 초등학교 수학경시대회를 준비하던 시기에 선행학습을 통해 어려움을 극복한 일, 다른 하나는 선행학습을 통해 해외 국제학교에 수월히 적응했던 일입니다.

아무리 열심히 해도 초등 수학경시대회에서 장려상밖에 받지 못해 고전하던 시기에, 중학교 수준 수학을 선행학습하자 아이의 수학 실력이 한 단계 껑충 뛰더라고요. 중학교 수학을 이해한 이후부터는 수학경시대회 문제가 술술 쉽게 풀려서, 이때부터 선행학습에 대한 인식이 바뀌게 되었어요.

여기서 주의해야 하는 부분은 교육부는 선행학습을 좋게 보지 않는다는 점이에요. 영재원이나 영재고에 도전할 때는 선행학습한 '티'를 내서는 안 됩니다. 선행학습으로 인해 문제가

수학에 강한 아이를 만드는 초등 수학 공부법

좀 더 수월하게 풀리더라도 풀이법은 최대한 해당 학년에 맞는 식을 활용하셔야 해요. 참 아이러니한 일이죠.

환경이 전혀 다른 해외 국제학교에 다닐 때도 수학 선행학습이 큰 도움이 되었어요. 당시 준비가 전혀 되어 있지 않은 상태에서 국제학교에 입학했는데요. 다행히 수학은 어느 정도 기초가 있어서 각종 수학 관련 시험(AP, SAT, AIME, MAT 등)뿐만 아니라, 내신과 대입도 수월하게 준비할 수 있었습니다. 만약 수학 선행학습을 해두지 않았다면 생소하고 낯선 환경에서 공부하기가 참 힘들었을 거예요.

주변을 돌아보면 보통 고1 정도까지는 그럭저럭 따라가다가 고2 때부터 수학을 포기하는 학생들이 급격히 느는데요. 공통수학인 수학 I·II에서 큰 벽을 느끼기 때문이에요. 이때부터 초중학교 수준에 비해 6~7배 정도 공부 난이도가 올라가는데, 갑작스레 공부량이 많아지니 부담과 혼란이 가중되는 것이죠. 이 시기에 많은 아이들이 괴로움을 느낍니다. 그래서 주요 과목의 선행학습은 훗날 곤경을 겪게 될 아이들의 숨통을 틔워주기 위한 '비상용 시간주머니'와 같다고 이해하시면 됩니다.

수능 고득점자의 인터뷰를 보면 다들 잠은 7시간씩 충분히 잤다고 말하잖아요. 이 친구들은 어렸을 때부터 선행학습으로 주요 과목을 잘 대비했기 때문에 7시간씩 자고도 좋은 결과를 얻은 겁니다. 반면 선행학습이 부족한 친구들은 고등학교의 엄청난 공부량을 감당하지 못하고 큰 어려움을 겪게 될 거예요.

참고로 대충대충 진도만 빼는 선행학습은 정말 안 하니만 못합니다. 득보다 실이 많으니 이런 학습은 지양하셔야 해요. 이 부분만 주의하시고 선행학습에 힘쓰신다면 나중에 선행학습하길 잘했다며 아이들이 엄마에게 고마워할 거예요.

✏️ 수학 선행학습, 욕심은 금물

그럼 선행은 어느 정도까지 나가는 게 좋을까요? 진도 부분은 아이의 수학 능력에 따라 다른 것 같아요. 자기 학년 수학은 가능한 꼼꼼히 기본과 심화를 병행하되, 선행학습은 아이의 능력과 여건에 따라 기본에 충실하셔야 해요. 물론 선행학습도 가능하다면 기본, 심화를 다 다루면서 진도를 빼면 좋겠죠.

선행학습의 첫 번째 목표는 최대한 할 수 있는 데까지 범위를 나가서 고등학교 때 다른 과목을 공부할 수 있는 시간을 미

수학에 강한 아이를 만드는 초등 수학 공부법

리 버는 겁니다. 여기서 학부모님들이 실수하시는 부분이 진도를 나가야 한다는 강박증에 걸려 아이가 이해도 하지 못했는데 다음 단계로 넘어가는 경우가 많다는 겁니다. 진도에만 목매면 수학 레벨은 올라가는데 실력은 늘지 않는 상태가 됩니다. 이 경우 수학을 진짜 못하거나 싫어하는 아이로 자랄 수 있어요.

다른 아이들보다 진도가 느리면 당장은 걱정되시겠지만 조급해질 필요는 없습니다. 아이도 엄마의 불안을 느낍니다. 자신이 무언가를 잘못하고 있다고 느끼면 학습 자신감도 급격히 떨어질 수 있어요. 속도가 조금 늦더라도 방향만 맞으면 됩니다. 너무 염려 마시고 꾸준히 재밌게 할 수 있도록 지도해주세요.

만약 영재고나 KMO를 준비하는 경우처럼 특별한 상황이라면, 이때는 수학 상·하는 물론이고 수학Ⅰ 일정 부분까지도 준비하셔야 해요. 수학에 정말 빛나는 재능이 있다면 꽤 매력적인 도전이기는 하지만 섣불리 접근하시면 너무 많은 시간을 허비할 수 있으니 주의하셔야 해요. 물론 이 과정을 밟으면 고1 수학까지는 탄탄하게 기초를 쌓을 수 있다는 장점은 있습니다.

여러분이 좀 더 프로답게 아이를 잘 키우고 싶다면 교육 관련 책도 많이 보시고, 학원도 둘러보시고, 선배 엄마들의 조언도 들으시면서 아이에게 맞는 플랜을 구상하셔야 해요. 조언은 새겨 듣되 주위에 휘둘리지 마시고 내 아이에게 맞는 공부법을 차근차근 찾아보세요. 여기서 주의해야 할 점은 "우리 애는 안 돼." "그냥 공부하고 싶다고 할 때 그때 하면 돼." 등 부정적인 피드백을 주시는 분과는 거리를 두시는 거예요. 언제 얼결에 부정적인 교육관에 동화될지 모르니까요. 교육관뿐만 아니라 매사 안 된다는 말이 입에 붙은 사람은 인생 전체를 놓고 봐도 별로 도움이 되지 않아요.

선행학습이라는 주제는 특히 언론매체에서 세뇌시키듯이 부정적으로 몰고 가는 경향이 없잖아 있는데요. 다시 한번 말씀드리지만 수학 선행학습은 지금 당장 눈앞의 성적을 위한 것이 아니라, 대입이라는 긴 마라톤을 무사히 완주하기 위한 안정장치라고 생각하시면 될 것 같아요. 아이들의 멋진 꿈의 경주에 여러분의 노하우가 절실히 필요한 때입니다.

수학에 강한 아이를 만드는 초등 수학 공부법

선행학습을 해야 하는 이유는 저학년 때 미리 진도를 빼두면 수능 준비로 바쁜 고등학교 2~3학년 시기를 시간에 허덕이지 않고 수월하게 보낼 수 있기 때문이에요. 훗날 엄청난 공부량으로 스트레스를 받지 않기 위해 미리 준비하는 과정이라고 보시면 됩니다.

선행학습과 심화학습, 당신의 선택은?

선행학습은 일종의 '미리 보기'와 같습니다. 선행학습을 통해 머릿속에 많은 내용을 무리하게 우겨넣거나, 현행학습이 완벽하지 않은 상태에서 불안하다는 이유만으로 선행학습에만 매달리면 역효과가 날 수밖에 없는데요. 따라서 현행학습이 부족하다면 기본기를 다시 다지고 심화학습에 들어가야 합니다. 심화학습은 지금까지 배운 개념을 좀 더 깊이 있게 파고들어 어려운 문제에도 도전해보면서 응용력을 키우는 것이 핵심입니다.

수학에 강한 아이를 만드는 초등 수학 공부법

어떤 분들은 선행학습에 대해 필요 없다거나 반 학기 정도만 선행하기를 권하고, 또 어떤 분들은 선행학습이 더 중요하다고 주장해서 학부모님들께 굉장히 큰 혼란을 주는데요. 10년 넘게 수학영재들을 곁에서 지켜보며 지도했고, 엄마표 수학을 직접 아들에게 적용해 큰 성과를 거둔 제 경험을 살려 정말 솔직하게 말씀드릴게요.

선행학습과 심화학습, 어떤 걸 우선시해야 할까요? 사실 선행학습과 심화학습은 부모님이 결정하실 문제가 아니에요. 둘 다 필요하지만 아이들마다 능력과 방향이 다르기 때문에 전적으로 아이 실력의 '현주소'에 달려 있어요.

앞서 선행학습은 고등학교 때를 대비하기 위함이라 말씀드렸는데요. 초중학교 때 절대평가로 스스로의 실력을 객관적으로 파악하지 못하고 있다가 고등학교 때 내신 및 전국모의고사에서 무너지는 경우를 흔히 볼 수 있죠. 뒤늦게 자신의 진짜 수학 실력을 알게 되면서 충격을 받는 경우가 많아요. 선행학습은 결국 자녀가 너무 힘들지 않도록 부모님이 멀리 보고 찬찬히 준비하는 일종의 '보험'과 같은데요.

그렇다면 심화학습은 어디에 필요할까요? 심화학습은 어떤 어려운 난이도의 문제도 포기하지 않고 푸는 끈기와 근성을 키우는 데 도움이 됩니다. 심화학습을 통해 문제해결력도 동시에 키울 수 있어요. 이런 훈련이 된 친구들은 고난이도 수학문제도 거뜬히 풀어낼 능력을 갖추게 되는데요. 자연스럽게 최상위권 수학 고수가 되는 거죠. 이런 훈련은 영재원, 영재고뿐만 아니라 이공계를 준비하는 학생들에겐 필수겠죠. 수능보다 더 어려운 문제도 풀 줄 알아야 나중에 대학에 가서도 전공 공부를 거뜬히 해낼 수 있거든요.

문제는 아이들마다 실력이 다르다는 겁니다. 선행학습과 심화학습의 기준점은 어디까지나 '현행학습'입니다. 예를 들어 초등 수학 교과서 단원 도표를 보시면, 1학년 1학기 때는 차례대로 '9까지의 수' '여러 가지 모양' '덧셈과 뺄셈' '비교하기' '50까지의 수'에 대해 학습합니다. 4학년 1학기 때는 '큰 수' '각도' '곱셈과 나눗셈' '평면도형의 이동' '막대그래프' '규칙 찾기'에 대해 배우고요. 초등학교 2학년 자녀가 아직 초등학교 1학년 1학기 3단원에서 배우는 '덧셈과 뺄셈'에 약하다면 당연히 선행학습은 무리겠죠? 반대로 초등학교 4학년 자녀가 5학년 1학기 2단원에서 배우는 '약수와 배수'까지 수월하게 진도를 뺐다면, 현재 학교에서 배우는 단원은 심화학습에 초점을 두셔도 큰 무리는 없을 겁니다.

수학에 강한 아이를 만드는 초등 수학 공부법

초등 수학 교과서 단원

구분	1단원	2단원	3단원	4단원	5단원	6단원
1-1	9까지의 수	여러 가지 모양	덧셈과 뺄셈	비교하기	50까지의 수	-
1-2	100까지의 수	덧셈과 뺄셈(1)	여러 가지 모양	덧셈과 뺄셈(2)	시계 보기와 규칙 찾기	덧셈과 뺄셈(3)
2-1	세 자리 수	여러 가지 도형	덧셈과 뺄셈	길이 재기	분류하기	곱셈
2-2	네 자리 수	곱셈구구	길이 재기	시각과 시간	표와 그래프	규칙 찾기
3-1	덧셈과 뺄셈	평면도형	나눗셈	곱셈	길이와 시간	분수와 소수
3-2	곱셈	나눗셈	원	분수	들이와 무게	자료의 정리
4-1	큰 수	각도	곱셈과 나눗셈	평면도형의 이동	막대그래프	규칙 찾기
4-2	분수의 덧셈과 뺄셈	삼각형	소수의 덧셈과 뺄셈	사각형	꺾은선 그래프	다각형
5-1	자연수의 혼합 계산	약수와 배수	규칙과 대응	약분과 통분	분수의 덧셈과 뺄셈	다각형의 둘레와 넓이
5-2	수의 범위와 어림하기	분수의 곱셈	합동과 대칭	소수의 곱셈	직육면체	평균과 가능성
6-1	분수의 나눗셈	각기둥과 각뿔	소수의 나눗셈	비와 비율	여러 가지 그래프	직육면체의 부피와 겉넓이
6-2	분수의 나눗셈	소수의 나눗셈	공간과 입체	비례식과 비례배분	원의 넓이	원기둥, 원뿔, 구

아이의 학습 정도를 뛰어넘어 선행학습과 심화학습을 무리하게 강요하면 큰일 납니다. 개개인에 맞게 문제 푸는 방식은 물론, 속도도 조절해야 합니다. 부모가 초조함을 느끼면 아이도 마음이 흔들립니다. 많은 격려와 응원으로 아이에게 용기를 주세요.

선행학습과 심화학습, 적절한 조화가 중요해

그럼 선행학습과 심화학습, 어떻게 곁들여야 우리 아이 수학 실력에 도움이 될까요?

먼저 수학 실력이 이제 막 기초 단계라면 기본과 응용 중심으로 찬찬히 준비하세요. 심화문제는 하루 몇 개 정도만 연습 삼아 다루면서, 훗날을 위해 수학 근성을 키운다 생각하시고 조금씩 시작하세요. 학원에서 심화문제를 다룰 때 아이가 다른 아이들보다 진도가 많이 느려서 초조해질 수 있어요. 학원은 아이 중심이 아닌, 철저히 학부모 중심으로 돌아가는 곳이에요. 기본기만 다지는 것보다는 진도도 팍팍 빼고 어려운 문제도 숙제로 많이 내주는 모습을 보여줘야 학부모들이 좋아하지 않겠어요? 이런 상술적인 부분 때문에 아이 수준보다 어려운 숙제를 주는 거니까 내 아이가 뒤처진 건 아닌지 너무 걱정하실 필요는 없어요.

기초를 다지는 시기에 엄마가 흔들리면, 그러니까 기초도 다 떼지 못한 아이에게 심화문제를 강요하면 어려운 문제가 나올 때 회피하는 아이가 될지 모릅니다. 기본과 응용에 좀 더 집중하시고, 심화문제는 인내심을 갖고 충분히 긴 시간을 두고 풀게 하세요. 시작 단계이니 기본과 응용에 집중한다고 생각하세요.

기본기를 뗀 아이라면 어떻게 할까요? 당연히 심화학습까지 쭉쭉 공부하는 게 좋아요. 그런데 초등학교 심화문제는 어려워도 그럭저럭 한다지만 중학교 과정부터는 난이도가 급격히 상승합니다. 예를 들어 심화학습 교재로 유명한 『에이급 수학 중학수학』을 보면, 문제가 'C-B-A' 난이도 순으로 출제되는데요. 이 중 A단계는 쉽지 않아요. 죽어도 안 풀리는 문제 때문에 진도를 아예 못 나가면 안 되잖아요. 모르는 문제가 절반 이상이라면 아직 현행학습이 부족한 것이니, 우선은 다른 진도를 먼저 나가고 다시 돌아와서 푸는 식으로 도전해보세요. 이런 식으로 수학을 꾸준히 배우면 수능 킬러문제까지도 문제없이 풀어내는 수학영재가 되어 있을 거예요.

여기서 한 가지 궁금증이 생기실 겁니다. 선행학습도 하고 심화학습도 하는 아이가 자기 학년 문제에서 도대체 왜 틀리는 걸까요? 당연히 잊어버릴 수 있고 틀릴 수 있어요. 그럴 때는 틀린 부분을 다시 복습하면 되니 너무 걱정하지 마세요. 원래 중고등학교 내신시험도 2주에서 많게는 한 달 가까이 시험을 준비하잖아요. 아는 내용이어도 시험 범위만큼은 틀리지 않기 위해 몇 번이고 기출문제집과 교과서, 부교재로 준비하는데요. 그래도 전 과목 100점을 맞기란 쉽지 않죠. 그러니 아이가 문제를 틀릴 때마다 일희일비하지 마시고 그냥 꾸준히 공부할 수 있게 믿어주고 응원해주세요.

초등학생이 자기 학년 수준의 문제를 틀린다거나 개념을 잘 설명하지 못한다고 해서 '무리하게 선행학습을 시켜서 그런가?' 하는 걱정은 하지 마세요. 틀리거나 모르는 부분은 다시 되짚어 오답노트로 정리하면 됩니다. 어쩌면 운 좋게 찍어서 맞히는 것보다 틀리는 게 나을지 몰라요. 오답을 통해 '수학구멍'을 찾을 수 있기 때문입니다. 예를 들어 아이가 기하가 약하다거나 대수가 부족해 보인다면 그 분야만 좀 더 복습하면 됩니다. 지금 당장 눈앞의 수학 점수가 아닌, 대입이라는 큰 숲을 보고 준비하시길 바라요.

만일 아이가 고학년이라면, 너무 늦은 것 아니냐며 불안해 하거나 걱정하지 마세요. 지금이 가장 빠를 때입니다. 지금부터 라도 차근차근 준비하시면 절대 늦은 게 아니랍니다. 나중에 고등학생 때, 뒤늦게 현실을 깨닫는 그 순간이 진짜 문제랍니다.

KEY POINT

선행학습은 일종의 '미리 보기'와 같습니다. 선행학습을 통해 무리하게 많은 내용을 머릿속에 우겨넣거나, 현행학습이 완벽하지 않은 상태에서 불안하다는 이유만으로 선행학습에만 매달리면 역효과가 날 수밖에 없는데요. 따라서 현행학습이 부족하다면 기본기를 다시 다지고 심화학습에 들어가야 합니다. 심화학습은 지금까지 배운 개념을 좀 더 깊이 있게 파고들어 어려운 문제에도 도전해보면서 응용력을 키우는 것이 핵심입니다.

'이것'만 준비하면 명문대가 보인다

아이를 다 키우고 나니 뒤늦게 '초등학교 때 이런 걸 했으면 좋았을 걸' '왜 그때 이걸 안 했을까?' 하고 후회되는 부분이 참 많은데요. 이 중에서 꼭 해야 하는 몇 가지를 말씀드리려 해요. 이것만 지키셔도 여러분의 자녀가 꿈꾸는 대학에 입학하는 데 큰 도움이 될 겁니다.

첫 번째는 대학 입시 전형을 세세히 파악한 다음에 자녀만의 학습 플랜을 짜는 것입니다. 아이가 어리고 경험이 부족하다 보니 옆집에서 하거나 아니면 다른 친구가 하는 걸 막연히 따라 하는 경우가 많은데요. 아이마다 적성과 꿈이 다른데 어떻게 같은 방식으로 모두 다 잘될 수 있겠어요?

우리 자녀가 어느 대학, 어느 전공을 목표로 할지 대략적으로라도 입시요강을 살펴보실 필요가 있어요. 설사 나중에 꿈이 바뀌더라도 '아~ 대략적으로 이렇게 흘러가는구나.' '이렇게 준비하는구나.' 하고 깨달으신 다음, 원하는 대학을 가장 많이 보낸 고등학교가 어딘지 찾아보세요. 그럼 이 고등학교에 입학하려면 어떤 준비를 해야 할지 감이 오실 겁니다. 이런 식으로 대학교, 고등학교, 중학교, 초등학교 순으로 내려가면 불필요하게 이거 했다가 저거 했다가 무계획적으로 사교육을 시키는 일은 없을 거예요.

초등학교 학부모들 중에 '아이는 노는 게 최고야. 그냥 공부 안 시킬 거야.' 하고 아이의 행복을 우선시한다며 방임하는 경우가 있는데요. 왜냐하면 초등학교 때는 시험이 쉬워서 별로 경각심을 느끼지 못하기 때문이에요. 그런가 하면 입시에 너무 겁을 먹고 이것저것 많이 시키는 경우도 있어요. 이 역시 부작용이 만만치 않습니다. 내 아이가 가야 할 대학에 대한 대략적인 그림을 그린 다음, 입시제도를 파악해 점진적으로 꼭 필요한 것들만 준비하셔야 해요(꼭 필요한 것만 시켜도 시간이 부족해요). 그래서 쓸데없이 돈과 시간을 낭비하는 일은 없어야 합니다.

두 번째는, 이것도 진짜 중요한 건데요. 초등학교 때 공부를 너무 질리도록 시키면 안 됩니다. "우리 아이는 초등학교 때 참 잘했는데 고등학교 가니까 왜 이렇게 못할까? 너무 속상해." 하는 말, 자주 들어보셨죠? 다 이유가 있습니다. 너무 이른 나이에 공부에 질리면 중고등학교 때 공부를 놓을 수 있어요. 초등학교 시기에는 잘 모르실 거예요. 어린 나이에는 싫어도 엄마가 시키는 대로 곧잘 따르기 마련이니까요. '설마 내 아이가 그러겠어?'라고 생각하시죠? 공부를 강요하고 억압하면 스트레스와 불만이 쌓입니다. 나중에 중고등학교 때 그게 폭발해버리면 어떻게 될까요?

아이들에게 '공부'는 태산과 같습니다. 초등학교 6년, 중학교 3년, 고등학교 3년 최소 12년을 입시에 매달려야 하는데 당연히 질리지 않겠어요? 초등학교 시기에 억지로 책상에 앉혀서 공부를 강요하면 긴긴 입시 레이스를 견디지 못하고 도중에 이탈하게 될 거예요. 다른 아이와 자꾸 비교를 해도 문제가 생겨요. 누구는 사고력 공부를 했네, 누구는 벌써 저만큼 선행 학습을 했네, 학부모 모임에 가면 이런저런 이야기가 귀에 들릴 겁니다. 이런 부분에 불안감을 느껴 공부를 두서없이 시키고, 학원을 뺑뺑이 돌리고, 하기 싫다는데 설득 없이 억지로 책상 앞에 앉히면 아이 마음은 상처를 입습니다.

아이 양육은 누구나 초보잖아요(첫아이라면 특히 더 그렇죠).

아이를 키울 때 당연히 실수도 생기겠죠. 그런데 제가 강조하는 부분만큼은 꼭 지양하시길 바랍니다. 초등학생 아이가 울고불고 공부하기 싫다고 떼쓰는데 힘으로 윽박질러서 공부시키시면 안 됩니다. 중고등학교 때까지 멀리 보고 아이가 스스로 공부를 할 수 있는 환경을 만들어주세요. 어떻게 공부하면 좋을지 함께 의논하고 토론하면서 아이가 주체적으로 주도해 공부하는 연습을 시키셔야 합니다. 그렇지 않으면 나중에 큰 문제가 생겨요.

세 번째는 국영수만큼 독서도 중요하다는 겁니다. 책 읽기를 왜 꼭 해야 하냐면, 독해력과 문해력이 뒷받침되지 않으면 주요 과목을 백날 공부해봤자 성적 올리기가 쉽지 않기 때문이에요. 초등학교 때까지는 큰 차이가 없을지 몰라요. 그런데 중고등학교에 들어가면 내신시험도 지문이 빼곡하잖아요? 독해력과 문해력이 뛰어난 아이는 지문을 이해하는 속도부터 남다릅니다. 다른 아이들이 밑줄 치고 외우는 동안 이 아이는 내용이 금방 파악되는 거죠.

왜 우리도 요리를 아주 잘하는 분은 레시피만 한 번 대충 보고 뚝딱 완성하지만, 요리 못하는 분은 간도 잘 못 맞추고 시행착오를 많이 겪으시잖아요? 책은 사고력이나 다양한 지식을 흡수하는 데도 큰 도움이 되지만, 입시 하나만 놓고 보면 학습하는 속도와 능률을 비약적으로 높여주는 효과가 있어요. 나중에 한참 입시 공부를 할 시기에 고전이니 전래동화니 독서에 시간을 허비할 수는 없잖아요? 초등학교 시기에 독서를 많이 시키시길 바랍니다.

"우리 아이는 너무 한 분야만 읽어요." 하고 걱정하시는 분도 계실 거예요. 특정 분야만 편식하는 건 위험합니다. 저도 후회되는 게 어느 날 보니까 아이가 너무 수학, 과학 분야 책만 편식하는 거예요. 그러다 보니 수학, 과학에 대한 이해력은 참 좋은데 다른 인문학 지식은 좀 부족하더라고요. 분야를 가리지 말고 다양한 책을 읽게 하시면 나중에 후회할 일은 없을 거예요.

네 번째는 수학과 영어 공부인데요. 다시 한번 말씀드리는데, 관건은 기본학습과 심화학습입니다. 시간이 좀 걸리더라도 너무 재촉하지 마시고요. 초등학교 때 수학이 어렵고 힘들다는 트라우마가 생기면 공부에 흥미를 잃을 수도 있거든요. 아이가 수학을 힘들어 한다면 약간은 융통성 있게 속도를 조절하시면서 재밌게 진행하시면 좋겠어요.

그다음에는 영어인데요. 영어는 절대 남들을 따라 하시면 안 됩니다. 왜냐하면 영어를 공부한 후 해외로 대학을 가는 아이도 있고, 또 외고를 목표로 하거나 국내 대학에서 외국어 쪽을 전공하고 싶은 아이도 있기 때문입니다. 그러한 아이들은 당연히 영어 공부에 많은 시간과 돈을 쏟겠죠? 또 일반적인 방식과는 다른 방향으로 학습하게 될 거예요.

예전에 중2 자녀를 둔 한 어머니께서 저에게 고민을 털어놓으셨는데요. 미국에서 전교 1~2등을 하던 아이인데, 글쎄 한국에 와서 전교 200등을 했다며 펑펑 우시는 거예요. 심지어 영어점수가 너무 안 나왔대요. 그게 왜 그러냐면 한국식 영어 내신시험은 문법 위주로 출제되고 문제 형식도 복잡하기 때문이에요. 한국식 시험에 익숙하지 않고, 한국식 문제의 패턴을 익히지 못한 아이에게 한국 학교 시험을 강요하면 어떻게 될까요? 아이가 아무리 똑똑해도 자기 장점을 잘 보여주지 못할 겁니다. 그런데 역으로 만약 우리 아이가 아무런 준비 없이 미국 학교에 가면 어떻게 될까요? 당연히 큰 곤경을 겪겠죠.

아이 진로와 목표에 따라 영어 공부의 깊이와 방향성은 상이합니다. 미국에 갈 만큼 영어 공부를 해야 하는 아이, 한국식 내신과 수능에 맞춰 영어 공부를 해야 하는 아이, 특목고를 준비해야 하는 아이, 스피치 콘테스트 등 여러 가지 대외활동을 준비해야 하는 아이 등 저마다 학습 방향과 깊이는 당연히 다를 수밖에 없어요. 그러니 우리 아이에게 맞는 방법으로 효과적으로 준비하셨으면 좋겠어요.

다섯 번째로 자신을 지킬 정도의 운동 한 가지는 시키셔야 해요. 아이를 학교에 보내면 너무너무 속상한 일이 벌어지기도 하죠. 간혹 아이가 다른 친구에게 맞고 오는 일이 있어요. 아이 얼굴에 상처라도 생기면 정말 속상하잖아요. 그러니 최소한 자기방어를 할 수 있는 힘은 키워야 해요. 꼭 대단한 운동은 아니더라도 태권도든 검도든 한 가지 정도는 가르치시기 바라요.

여섯 번째는 인성이에요. 흔히 간과하기 쉬운 게 인성인데요. 아이가 공부를 잘하면 잘한다고 칭찬해주고 못하면 못한다고 혼내는 식으로 오로지 공부에만 교육의 초점을 맞추시면 인성교육을 놓치게 됩니다. 인성교육, 전인교육의 중요성은 아마도 초등학교 때는 그다지 느끼지 못하실 거예요. 그런데 인성교육을 놓치면 나중에 학년이 올라갈수록 아이가 굉장히 거칠어지거나, 부모를 우습게 알거나, 교사에게 함부로 대들거나 하는 문제가 생기기 시작합니다. 그때 가서 머리가 다 큰 아이에게 "어디서 어른한테 그런 말을 하니!"라고 꾸짖는다 해서 먹히겠어요?

어려서 엄마, 아빠와 대화가 잘될 때 인성, 예의, 예절을 꼭 강조하시기 바랍니다. 공부를 잘할 때만 칭찬하지 마시고 예의 바른 행동을 하거나 착한 일을 했을 때도 칭찬과 보상을 아끼지 마세요. 인성이 갖춰지면 나중에 학년이 올라가서 선생님과의 관계도, 교우관계도 윤택해질 거예요. 특히 선생님과 갈등이 생기면 성적이 떨어질 수밖에 없어요. 부모와 갈등이 생겨도 문제고요. 예쁘고 귀여운 초등학생 시기에는 인성문제가 먼 일처럼 느껴지시겠지만, 나중에 학년이 올라갈수록 '자아'라는 게 생기면서 문제가 생길 수 있거든요.

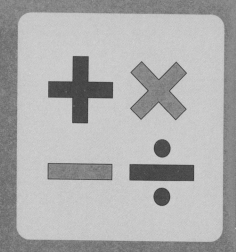

3장

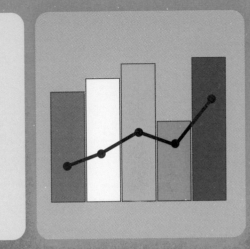

엄마표 학습에서
답을 찾다

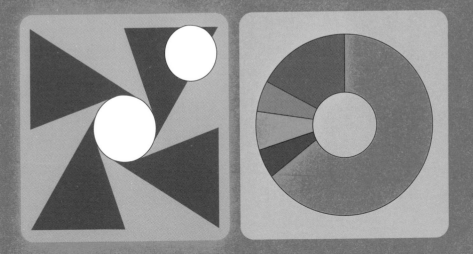

엄마표 학습과 사교육
사이에서 균형 잡기

엄마표 학습은 쉬운 일이 아닙니다. 양육만으로도 바쁜 엄마가 교육까지 다 떠안게 되면 부담이 가중되기 때문입니다. 하다 지치고 도중에 포기하는 작심삼일을 반복할 수 있어요. 그래서 100% 엄마표 학습도 좋지만 사교육을 약간 병행해 균형도 잡고 엄마의 부담을 줄이는 것도 한 방법입니다.

한 가지 당부할 점은 너무 좋은 엄마, 완벽한 엄마가 되어야 한다는 강박관념을 가지지 말라는 점입니다. 우울증 걸려요. 저도 양육 초기에는 엄마표 영어를 실천했는데요. 워킹맘도 힘든데 퇴근 후 아이 공부까지 돌보려니 건강이 와르르 무너지더라고요. 나중에 학년이 올라 가르쳐야 할 과목이 늘어나면 장기적으로 100% 엄마표 학습은 불가능에 가깝습니다. 너무 완벽하고 좋은 엄마가 되려고 노력하면 자신뿐만 아니라 가족에게도 좋지 않다는 생각이 들어요.

100% 엄마표 학습만큼이나 또 위험한 게 100% 사교육입니다. 사교육에 너무 몰입하면 스스로 학습하지 못하는 수동적인 아이가 될 수 있으니 주의하셔야 해요. 엄마표 학습과 사교육 사이에서 적절한 균형을 찾는 것이 중요합니다. 부모도 좀 쉴 수 있는 시간을 만들고 여유를 가져야 엄마표 학습의 질도 높아지지 않겠어요? 가장 바람직한 방향성은 엄마표 학습과 사교육이 조화를 이루는 것입니다.

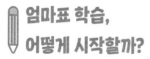

엄마표 학습, 어떻게 시작할까?

엄마표 학습에서 중요한 건 다음의 세 가지입니다.

수학에 강한 아이를 만드는 초등 수학 공부법

1. 엄마가 그 무게와 책임을 다 떠안으려 하지 말자.

2. 엄마표 학습과 사교육 사이에서 균형을 잡자.

3. 가장 잘하고 재밌는 분야를 아이와 찾으며 공부하자.

엄마표 학습을 통해 어떻게 학습 능률과 효율을 최대치까지 끌어올릴 수 있을까요? 어떻게 하면 사교육과 적절히 조화를 이뤄 성적을 향상시킬 수 있을까요?

먼저 엄마표 학습에 있어서 가장 중요한 것은 아이가 해당 과목에 흥미와 재미를 느낄 수 있도록 유도해야 한다는 겁니다. 초등학교 시기에 너무 닦달해서 트라우마가 생기면 나중에 큰 문제가 될 수 있어요. 공부에 흥미와 재미를 붙이고, 그다음에 아이가 성적이 조금씩 올라 학원에서 꽤 높은 레벨에 들어가면 1단계는 성공하신 거예요. 초등학교 시기에는 아이가 공부에 대한 자신감을 갖는 게 중요해요. 학원에서 공부 잘하는 아이들이 있는 반에 들어가서 선의의 경쟁을 하는 것은 그다음 문제입니다.

엄마와 있을 때는 누군가와 경쟁하기 힘든 환경이죠. 또 초등학교 시기에는 학교에서도 아이를 점수로 잘 경쟁시키지 않고요. 따라서 학원을 통해 선의의 경쟁을 펼칠 필요가 있어요.

서로 좋은 자극을 주는 라이벌이 생기면 성적이 훌쩍 오를 수 있는 좋은 계기가 됩니다. 아이가 높은 레벨의 반에 들어가서도 공부를 잘하면 학원 원장님께서 눈여겨보게 될 거예요. '이 아이는 조금만 신경 써주면 학원 홍보에 도움이 되겠는 걸?' 하고 생각하시겠죠. 그렇게 특별 관리 대상이 되면 일거양득입니다.

이 정도 수준에 오르면 엄마표 학습도 방향을 조금 수정하셔야 해요. 초기의 학습 지도가 전체적인 부분을 아울렀다면 이제는 아이와 의논해서 어떻게 하면 좀 더 잘할 수 있을지 연구해야 합니다. 일방적으로 강요하지 마시고 아이와 꼭 의논해서 결정하세요. "우리 문제집을 하나 더 추가해서 레벨을 올릴까?" 아니면 "숙제에서 아직 오답이 좀 있네. 그럼 우리 오답 노트에 좀 더 집중할까?" 하는 식으로 아이의 의중을 물으셔야 해요. 아이 상황에 맞게 적절히 지도하시면 최상위 성적까지 수월히 도달할 겁니다.

저도 처음부터 실수 없이 엄마표 학습을 완벽하게 해냈던 건 아니에요. 아이의 의견을 간과하고 일방적으로 학원에 보내 실패한 적도 있어요. 집에서 아이가 책 읽기를 잘하길래 '한글도 뗐고 독서도 좋아하는데 어렵지 않겠지?' 지레짐작하고 독서토론학원에 그냥 보낸 적이 있어요. 그런데 수업하는 교재의 난이도가 꽤 높았나봐요. 아이가 부담스러워 한다는 것도 모른 채 방치하자 나중에는 책 읽기를 싫어하게 되더라고요. 지금도 이 부분이 참 후회되는데요. 아이를 학원에 보냈다고 마음 놓지 마시고 엄마표 학습으로 학원에서 잘 따라가고 있는지, 어려운 점은 없는지 꼭 신경 써주세요.

엄마표 학습을 권장하면 자신 없다며 움츠러드는 학부모도 꽤 계세요. '내가 과연 아이를 잘 키울 수 있을까?' '그냥 전문가가 있는 학교와 학원에 맡기는 게 낫지 않을까?' 하는 염려가 사라지도록 한 가지 예시를 말씀드릴게요. 대학 교수로 재직하시던 저희 아버지께서는 49세 나이에 뇌출혈로 반신마비가 오셨어요. 병원과 의사는 이제 정상적인 활동을 할 수 없다고 말씀하셨죠. 그럼에도 아버지는 절대 포기하지 않으셨고, 의학 서적을 일일이 찾아보시면서 자신에게 맞는 의약품과 음식을 골라서 드셨어요. 하루도 빼지 않고 부축을 받으면서 걷는 연습을 하셨고, 급기야는 1년 만에 회복해 병상을 털고 거뜬히 일어나셨죠.

큰 어려움을 이겨내고 다시 교수로 재직하셨는데 그때를 떠올리면 참 가슴이 먹먹해요. '먹여 살려야 하는 자식이 있는 아버지, 가장이라는 무게 때문에 포기하지 않으셨구나.' 하는 마음도 들고, 부모라는 책임감이 기적을 일으켰다고 생각해요. 저도 양육과 엄마표 학습을 병행하면서 너무 힘들고 다 내려놓고 싶을 때가 많았어요. 그때마다 아버지의 기적을 생각하며 내 아이는 내가 지킨다는 마음으로 용기를 냈죠. 그러한 집념 덕분에 시댁의 엄청난 반대에도 불구하고 아이 교육에 끝까지 매진할 수 있었던 것 같아요.

생각해보면 우리 자녀를 위해서 누가 모든 걸 걸고 도움을 주겠어요? 엄마, 아빠이기에 가능한 일이죠. 엄마로서, 아빠로서 지닌 용기와 힘을 아이 교육을 위해 써보자고요. 반드시 잘해내실 수 있어요. 자신 있게, 과감하게 시도해보세요.

또 하나 강조하고 싶은 건 양육과 교육의 무게를 홀로 떠안으려 하지 말자는 것입니다. 엄마표 학습을 간혹 '양육과 교육을 엄마가 오롯이 다 떠안는 것'이라고 착각하는 경우가 있는데요. 그런 생각으로 엄마표 학습을 실천하면 부담도 너무 크고 도중에 포기할 확률이 높습니다. 설사 포기하지 않더라도 중압감을 느끼다 보면 우울증이 옵니다. 아이 성적이 안 좋을 때마다 '나는 제대로 하는 게 없네.' '괜히 엄마표 학습을 한다고 했나?' 하는 회의감도 들고요.

수학에 강한 아이를 만드는 초등 수학 공부법

절대로 자책하지 마세요. 양육과 교육, 둘 다 너무나도 고귀하고 소중한 일입니다. 엄청난 무게이기 때문에 둘 다 100% 감당하려 하면 쓰러져요. 공교육이 이 부분을 다 책임져준다면 너무 좋을 텐데 현실적으로 솔직히 불가능하잖아요. 적절히 사교육의 도움을 받아야 할 때도 있어요. 아이 교육은 긴 마라톤입니다. 엄마 홀로 다 떠안지 마시고 사교육과 적절히 병행해보세요.

엄마표 학습은 꾸준한 관리가 필요해요. 꾸준히 실천하다 보면 아이가 스스로 '계속 공부를 잘하려면 어떻게 해야 할까?' 하는 고민을 하게 될 거예요. 자신만의 공부 기술을 익히고 자기주도학습을 시작하면 그때부터는 엄마표 학습의 무게를 좀 내려놓으셔도 됩니다.

✏️ 넘어져도 괜찮아

제가 엄마표 학습을 하게 된 계기는 열등감 때문이었어요. 당시 제 또래 친구들이 아이의 영어 공부를 위해 해외로 많이 나가던 시절이었는데요. '영어신동 만들기'라는 붐까지 불며 영어 광풍이 휘몰아치던 때였어요. 워킹맘인 저는 아이를 데리고 해외에 나갈 수도, 아이를 따라다니며 영어교육을 전담할 수도 없는 환경이었죠. 그때부터 '아이를 위해 내가 무엇을 해줄 수 있을까?' 제 무능함을 자책하며 고민에 빠졌습니다. 불필요한 사교육으로 아이의 빛나는 유년기를 허비하고 싶지 않았습니다. 그래서 용기를 내어 엄마표 학습을 실천했죠.

엄마표 학습을 통해 불안한 제 마음을 다독이며 아이와 함께 놀이처럼 공부를 시작했어요. 제가 대단한 사람은 아니어도 유치부, 초등부 아이들을 가르친 경험이 있다 보니 적어도 재밌게 가르칠 수는 있겠다는 자신은 있었죠. 엄마표 학습을 계기로 제 아들은 영어를 원어민처럼 구사할 수 있었고, 주요 일간지와 SBS 〈신동천하〉에 출연해 수준급의 영어 실력을 인정받게 됩니다.

솔직히 저도 많이 놀랐어요. 우린 너무 평범한 엄마와 아들이었거든요. 그런데 해보니까 되더라고요. 만일 제가 엄마표 학습을 포기하고 그냥 학원에 보냈다면 과연 아이가 영어신동이 될 수 있었을까요?

이후에는 엄마표 영어에서 한 걸음 더 나아가 엄마표 수학

수학에 강한 아이를 만드는 초등 수학 공부법

에 도전합니다. 영어에서 성공한 경험이 있으니 나름 자신 있었죠. 훗날 아들이 중3 때 아빠의 갑작스런 주재원 발령으로 준비 없이 해외 국제학교에 가게 되었을 때도 엄마표 학습이 큰 도움이 되었어요. 다소 시간은 걸렸지만 엄마표 학습으로 어떻게 공부해야 하는지 방향성을 잡으니 다양한 스펙을 쌓는 밑거름이 되더라고요.

엄마표 학습은 초등학교 수준의 기초 학습뿐만 아니라, 여러 주요 과목에 현명하게 접근하고 학습하는 힘과 능률을 키우는 데도 큰 도움이 됩니다. 넘어져도 괜찮습니다. 실수를 저질러도, 시행착오를 겪어도 괜찮아요. 처음부터 완벽한 엄마표 학습을 목표로 하지 마세요. 부담 없이 아이와 소통하는 엄마표 학습을 꾸준히 실천하신다면 기대 이상의 결과를 얻으리라 확신합니다.

먼저 엄마표 학습에 있어서 가장 중요한 것은 아이가 해당 과목에 흥미와 재미를 느낄 수 있도록 유도해야 한다는 겁니다. 또 하나 강조하고 싶은 건 양육과 교육의 무게를 홀로 떠안으려 하지 말자는 것입니다. 엄마표 학습을 간혹 '양육과 교육을 엄마가 오롯이 다 떠안는 것'이라고 착각하는 경우가 있는데요. 그런 생각으로 엄마표 학습을 실천하면 부담도 너무 크고 도중에 포기할 확률이 높습니다. 넘어져도 괜찮습니다. 실수를 저질러도, 시행착오를 겪어도 괜찮아요. 부담 없이 아이와 소통하는 엄마표 학습을 꾸준히 실천하신다면 기대 이상의 결과를 얻으리라 확신합니다.

수학에 강한 아이를 만드는 초등 수학 공부법

수학 잘하는
아이로 키우는 방법

 선천적인 지능보다
후천적인 노력이 중요해

　자녀보다 상위권인 아이들을 볼 때면 괴리감도 들고 내심 '저 아이는 IQ가 정말 좋을 거야.' '엄마, 아빠가 엄청 똑똑해서 아이도 저렇게 똑똑한 거야.' 하는 생각도 듭니다. 그런데 이건 그냥 합리화예요. 엄마, 아빠가 공부를 잘하고 못하고는 중요하지 않습니다. 과거에는 타고난 머리가 좋아야 성적이 좋다는 고정관념이 있었는데요. 그래서 한때 학부모들 사이에서 자녀의 IQ 테스트가 유행하기도 했습니다. 그러나 타고나야 하는 지능지수가 전부는 아닙니다. 지능지수 외에도 여러 변수와 요인이 작용해 학습 결과로 나타나기 때문인데요.

네덜란드 라이덴대학 마르셀 베엔만 교수가 25년 동안 메타인지와 학습에 대해 연구한 결과, 메타인지가 IQ보다 성적을 더 잘 예측하는 변수라는 결론을 내렸습니다. 연구 결과에 따르면 IQ는 학습에 25% 관여하지만 메타인지는 무려 40% 관여한다고 합니다. IQ는 선천적인 요인이기에 성장에 한계가 있지만 메타인지는 훈련을 통해서 후천적인 성장이 가능하다는 것이 특징인데요.

최윤리 BR뇌교육 인성영재 연구소장은 메타인지에 대해 다음과 같이 이야기합니다.

"메타인지는 지능지수(IQ)와 달리 훈련에 의해 좋아질 수 있다. 네덜란드 라이덴대학의 베엔만 교수에 따르면 초등학교 3~4학년 정도가 되면 학습적 부분에서 계획과 자기조절에 대한 메타인지를 활발하게 발달시킬 수 있다고 한다. 객관적으로 자신을 바라보고 조절하는 훈련 중 하나는 명상이다. 명상

수학에 강한 아이를 만드는 초등 수학 공부법

을 하면 우리 뇌에서 사고기능과 집중력, 정서 조절을 담당하는 전전두엽과 측두엽의 부피가 두꺼워지며 뇌 기능이 활성화된다. 전전두엽은 고차원적 인지와 계획, 다른 동물과 구별되는 인간 고유의 능력과 관련 있다. 이것은 메타인지가 전뇌적인 활동의 결과로 나타나는 종합적이고 고차원적인 사고활동임을 말해준다."

해외에 입양된 요보호 아동이 성인이 되어 친부모를 찾기 위해 고국을 방문하는 경우가 있는데요. 변호사, 의사 등 훌륭하게 성장해 고국을 찾는 그들을 보면서 IQ보다 중요한 건 따로 있다는 생각을 하게 됩니다. IQ보다는 후천적인 노력이 학습에 더 큰 영향을 미친다는 걸 명심하시기 바랍니다.

자녀의 성향과 재능부터 파악해야

수학 잘하는 아이로 키우고 싶다면 우선 자녀의 재능과 성향부터 파악해야 합니다. 내신 쪽으로 집중해서 국내 대학교에 지원할 건지, 아니면 영재고나 다른 특목고 쪽으로 지원할 건지, 혹은 글로벌 인재를 꿈꾸며 해외 대학교에 입할할 건지 염두에 두셔야 하는데요. 어릴 때 형성된 학습 태도와 습관이 중고등학교 때까지 계속 이어지기 때문에 무리하게 이것저것 일을 막 벌리시면 안 됩니다.

예를 들어 경시대회 준비만 주로 한 아이라면 당연히 내신을 꼼꼼히 챙기는 부분이 서투를 것이고, 또 내신만 파고든 아이라면 경시대회에서 좋은 성적을 내기 어렵겠죠. 공부 습관은 금방 바꾸기 어려우니 아이의 성향을 파악해 아이 진로에 맞게 학습 패턴과 습관을 잘 잡아주셔야 해요.

내가 하고 싶은 것, 내가 되고 싶은 것이 명확해지고 간절하게 그것을 원하면 '열정'이 생깁니다. 부모만 공부에 열정을 가지면 안 돼요. 필드에서 뛰는 선수인 아이가 직접 열정을 갖고 공부해야 좋은 결과를 낼 수 있습니다. 부모인 우리가 평범하다고 좌절할 것이 아니라, 아이에게 맞는 학습법을 고안하고 제안해 아이로 하여금 마음껏 열정을 내뿜을 수 있는 환경을 조성해줍시다. 용기를 북돋고 지속적으로 공부할 수 있게 지원한다면 우리 아이도 공부 고수가 될 수 있어요.

수학에 강한 아이를 만드는 초등 수학 공부법

수학 잘하는 아이로 키우고 싶다면 우선 자녀의 재능과 성향부터 파악해야 합니다. 내가 하고 싶은 것, 내가 되고 싶은 것이 명확해지고 간절하게 그것을 원하면 '열정'이 생깁니다. 부모만 공부에 열정을 가지면 안 돼요. 필드에서 뛰는 선수인 아이가 직접 열정을 갖고 공부해야 좋은 결과를 낼 수 있습니다.

엄마표 수학,
이것만 주의하라

다섯 가지
주의사항

엄마표 수학을 시작하겠노라 다짐했다면 다음의 다섯 가지
는 꼭 주의하셔야 합니다.

1. 아이 수준에 맞는 교재 활용하기

엄마표 수학의 최대 장점은 학원과 달리 내 아이에게 딱 맞

수학에 강한 아이를 만드는 초등 수학 공부법

는 수준으로 지도할 수 있다는 것입니다. 아이의 수준에 맞는 교재를 활용하기 위해서는 내 아이의 수학 실력을 정확히 파악하셔야 하는데요. 근거 없는 정보를 믿고 자녀의 수준을 벗어난 교재를 제공하면, 아이를 위해 맞춤형 교육 서비스를 제공하는 엄마표 수학의 장점이 무색해질 수 있으니 주의하셔야 해요.

예를 들어 몇몇 자녀교육서를 보면 초등학교 저학년 때는 사고력과 연산을 배우고, 3학년 이후부터 교과 문제집을 가르치라는 내용이 나오는데요. 그게 꼭 정답이라고 생각하시면 안 되는 게, 아이 개개인의 실력과 수준은 천차만별인지라 어떠한 틀로 규정 지으면 학습 효율이 크게 떨어질 수 있어요.

저희 아이도 그랬지만 수학을 좀 하는 친구들은 저학년 때부터 사고력과 연산뿐만 아니라 교과 문제집, 경시대회 문제집도 척척 풀어내거든요. 아이 실력이 뛰어남에도 근거 없는 말만 믿고 초등학교 저학년 시기에 사고력과 연산만 공부시키면 굉장히 비효율적이겠죠. 저학년 때 연산만 해야 한다거나, 사고력 수학 위주로 공부할 필요는 전혀 없어요. 또 반대로 전문가의 말만 믿고 너무 어려운 교재를 제공하는 경우도 있어요. 아직 수학 실력이 기초인 아이에게 '고학년은 심화문제도 풀어야 한다고 했지?' 하고 어려운 수학 문제집을 풀게 하면 수학 공부에 흥미를 잃게 될 거예요.

2. 매일 꾸준히 하기

엄마표 수학의 최대 복병은 엄마의 작심삼일이에요. 매일 꾸준히 하기란 결코 쉽지 않습니다. 아이랑 놀러 다니고도 싶고, 몸이 아프거나 마음이 심란하다는 이유로 그냥 쉬고 싶을 때도 있어요. 이런저런 이유로 쉬는 날이 늘어나면 진도도 안 나가고 실력도 안 늘어서 아이가 공부에 흥미를 잃기 십상이죠. 꾸준히 하는 부분이 어렵다면 학습지든 공부방이든 교육을 분담할 수 있는 시스템을 만드는 것이 좋아요.

저도 처음부터 혼자서 엄마표 수학을 진행하다 보니 몸도 마음도 너무 지치더라고요. 아이의 실력이 느는 기쁨에 매일 정신력으로 버텼지만 지금 생각해보면 제 몸을 좀 더 돌보며 했어야 했다는 후회도 듭니다. 사교육의 도움을 어느 정도 받아야 장기적으로 건강하게 엄마표 수학을 이어갈 수 있어요. 엄마와 아이의 스트레스도 줄일 수 있고요. 매일 꾸준히 엄마표 수학을 실천한다면 아이 실력이 쑥쑥 커가는 게 눈에 보이실 거예요.

수학에 강한 아이를 만드는 초등 수학 공부법

3. 간헐적으로 모르는 문제, 어려운 문제 제공하기

모르는 문제, 어려운 문제를 해결하는 방법은 따로 있어요. 난이도가 높아 풀지 못하는 문제가 생기면 아이 입장에서는 어떻게 대처해야 할까요? 해답지를 보거나 인강에서 관련 내용을 찾아 이해하기 위해 노력하겠죠. 만일 모든 문제를 이런 식으로 풀면 실력이 늘지 않을 겁니다.

해답지나 인강이 필요할 때도 있어요. 모르는 문제를 모두 이런 식으로 해결하면 처음엔 지름길처럼 느껴질 거예요. 그러나 너무 해답지, 인강에만 의존하면 난이도가 높은 수학 문제를 끝까지 풀어내는 힘을 키울 수 없어요. 그래서 엄마가 약간씩 힌트를 제공하면서 아이가 자신의 힘으로 문제를 풀게 하는 방법이 가장 좋아요. 엄마표 학습에서 가장 많이 활용되는 방법이기도 한데요. 모르는 문제가 너무 많이 쌓여 있다면 사용해볼 만한 방법이에요. 힌트를 조금 주고 다시 풀게 하고, 그래도 안 풀리면 힌트를 몇 줄 더 주고 풀게 하는 형식으로 퀴즈처럼 문제를 푸는 겁니다. 생각하는 힘을 키울 수 있고 지루한 감도 덜해서 효과적인 편이에요.

마지막으로 엄마표 수학 고수들이 하는 방법인데요. 앞서 수차례 언급하기도 했죠. 모르는 문제를 스스로 풀 수 있을 때까지 어떠한 힌트도 없이 고민할 수 있는 시간을 주는 겁니다. 하루든, 일주일이든, 한 달이든 풀릴 때까지 기회를 주면 근성과 끈기를 키울 수 있어요. 끝끝내 해답이 보이지 않더라도 고민하는 시간을 갖는 것만으로도 의미 있다고 생각해요.

수학적 사고에 익숙해지기 위해서는 반드시 이런 경험이 필요합니다. 누구의 도움 없이 난제를 푸는 과정을 반복함으로써 문제해결력을 키울 수 있기 때문인데요. 『수학 잘하는 아이는 이렇게 공부합니다』의 류승재 저자는 문제해결력을 키우는 게 수학 공부의 본질이라 강조합니다.

"(문제해결력은) 문제를 많이 푼다고 느는 게 아니라, 작은 문제라도 스스로 고민해서 해결하는 경험을 쌓아야 늘어난다. 문제해결력이 극대화된 아이들은 문제집 한 권만 제대로 풀면 어떤 유형의 문제가 나와도 100점을 받을 수 있지만 문제해결력이 없으면 문제집 10권을 풀어도 100점을 받을까 말까 한 상태가 된다."

4. 좋은 환경 만들어주기

엄마표 수학의 단점은 엄마가 '집'에서 아이 공부를 봐준다는 점입니다. 스터디카페나 도서관 등 외부에서 엄마표 수학을 실천하시는 분들도 있지만 대부분은 집에서 아이 공부를 봐주실 텐데요. 아무래도 집은 놀거리도 많고, 복장도 편하고 여러 모로 긴장하면서 공부하기 어려운 환경이죠. 그래서 중요한 게 공부하기 좋은 환경, 집중하기 좋은 환경을 제공해주시는 거예요.

5. 화내지 않기

감정이 앞서서 아이가 진도를 따라오지 못한다고 화를 내시면 안 됩니다. 예전에 아이가 어릴 때 같이 눈썰매를 타러간 적이 있는데, 옆에 있던 어떤 아이의 아버지께서 "너는 눈썰매도 제대로 못 타냐?" 하고 화를 내시는 거예요. 물론 아이를 키우다 보면 그럴 수 있죠. 아이가 너무 소심하고 겁이 많아서 자신감을 키워주기 위해 고육지책으로 화를 내신 것 같은데, 당황한 아이는 급기야 눈물을 터뜨렸습니다.

엄마표 학습을 실천할 때 엄마가 아이에게 자주 화를 내면 엄마와 아이 사이가 멀어지는 부작용이 생길 수 있어요. 공부 문제로 엄마와 다툼이 잦으면 아이는 공부를 싫어하는 아이로 자랄지 몰라요. 그래서 이런 부작용이 생긴다면 차라리 엄마표 학습을 멈추고 학원에 보내는 게 낫습니다. 속이 부글부글 끓더라도 칭찬해주고 맛난 것도 사주시면서 수학에 흥미를 붙일 수 있게 노력하셔야 해요.

진도도 중요하지만 엄마표 수학의 관건은 아이가 수학에 흥미와 재미를 느끼도록 유도하는 데 있어요. 아이 입장에서 지루하고 재미없는 수학을 사랑하는 마음이 들도록 물심양면 도와야 해요. 보상도 적극적으로 하셔야 합니다. 예를 들어 수학 문제집 한 권을 끝낼 때마다 맛난 간식이나 장난감, 다음 진도를 나갈 문제집 등을 사주시는 거예요. 엄마의 사랑과 적절한 보상만 있다면 아이의 수학 자신감은 쑥쑥 커질 겁니다.

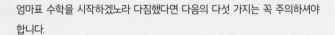

KEY POINT

엄마표 수학을 시작하겠노라 다짐했다면 다음의 다섯 가지는 꼭 주의하셔야 합니다.

1. 아이 수준에 맞는 교재 활용하기
2. 매일 꾸준히 하기
3. 간헐적으로 모르는 문제, 어려운 문제 제공하기
4. 좋은 환경 만들어주기
5. 화내지 않기

수학에 강한 아이를 만드는 초등 수학 공부법

좋은 학군을
포기할 수 없다면

앞서 학군보다 중요한 건 따로 있다고 말씀드린 바 있습니다. 그럼에도 좋은 학군을 포기할 수 없어 이사까지 고려하신다면 이번 장을 눈여겨보시기 바랍니다. 실제로 주변에 아이 공부 습관 개선과 좋은 환경을 조성해주기 위해 소위 '학군지'로 이사를 고려하는 분이 많은데요. 실제로 학군이 좋은 곳의 부동산 매물은 시장에서 '웃돈(프리미엄)'이 붙을 정도로 인기 있다고 합니다. 다음은 〈매일경제〉 2021년 1월 24일 기사입니다.

국내 부동산 시장에선 학군 때문에 이사를 고민했거나, 특정 학교에 들어가고자 일부러 거주지를 옮겨가는 현상이 매년 관행처럼 이어지고 있다. 똑같은 아파트 단지라도 학교와 가까울수록, 안전한 통학이 가능한 동일수록 웃돈(프리미엄)이 붙는 것처럼 학군과 부동산은 떼려야 뗄 수 없는 관계가 고착화된 지 오래다. (…) 현재 서울시교육청의 중학교 배정 관련 국민신문고 민원 중 특정 학교에 배정받지 못해 제기한 민원이 전체의 76.3%를 차지하고 있다. 교육지원청별 민원도 학교 배정에 대한 민원이 60% 이상으로 가장 많다. 그다음으로 민원이 많은 분야는 중입 배정 방법에 대한 민원(20.7%)이다.

교육 환경, 물론 중요합니다. 그런데 준비되지 않은 상태에서 아이 실력과 차이가 많이 나는 곳으로 이사를 간다면 비극이 시작될 수 있어요.

대치동에서 가장 불행한 아이는 성적이 나오지 않아 부모와 갈등을 겪는 아이라고 합니다. 그만큼 학업 격차로 고통을 겪는 부작용이 많은데요. 또한 이사 이후 경제적 고통을 호소하는 가정도 많습니다.

아이에게 맞는 학군을 고르는 방법

그러면 어떻게 하면 아이와 우리 형편에 맞는 좋은 학군으로 이사 갈 수 있을까요?

1. 해당 학군에 있는 학원에 한 달 정도 다녀보기

학군지 이사를 고려하고 있다면, 먼저 해당 학군에 있는 학원에 아이를 한 달 정도 보내보세요. 왔다 갔다 힘들겠지만 체험 삼아 한 달 정도 그곳 분위기를 보는 겁니다. 이사 갈 학군의 수준이 아이와 어느 정도 차이가 나는지 정확히 파악할 필요가 있거든요. 대책 없이 곧바로 전학 가는 것보다, 아이가 해당 학군의 학원에 다니면서 자신에게 잘 맞는지 확인한 다음 이사 여부를 고민한다면 실수를 줄일 수 있어요.

저도 이사 전에 한 달 정도 학군 근처 학원에 보내 마음에 드는지, 성적은 오를 것 같은지 여부를 아이에게 살피게 했는데요. 새로운 친구도 사귀면서 전학 갈지 여부를 아이가 결정할 수 있게 시간을 줬어요. 결국 아이 스스로 가겠다고 결정했고, 생각보다 무리 없이 수월하게 적응하더라고요.

만약 해당 학군의 학원이 마음에 안 들거나, 부담될 만큼 또래들의 학업 수준이 높다면 좀 더 준비한 다음 이사하는 게 나을 수 있어요. 반드시 자녀의 의견을 물어야 하는 이유는 자칫 잘못되면 부모를 탓할 수 있기 때문입니다. 멀쩡히 잘 다니는 학교를 두고 왜 이사를 했냐며 원망할지 몰라요. 이 부분은 꼭 아이에게 선택권을 주시기 바랍니다. 아이의 마음을 배려해 한 달 정도 미리 그곳의 분위기를 체험하게 하면 아이도 기꺼이 용기를 낼 거예요.

2. 집값과 학원비를 감당할 수 있는지 신중히 고려하기

좋은 학군이라 하면 보통 대치동, 목동, 중계동을 생각하실 텐데요. 개인적으로 추천하는 곳은 중계동이에요. 중계동 은행 사거리 학원가의 경우 서민층과 다소 부유한 층이 골고루 섞여 있어 형편에 맞게 진입할 수 있다는 장점이 있는 것 같아요. 최상위권 학생들 중에 굳이 대치동까지 가지 않고 중계동에서 다 해결하는 경우도 많고요.

제가 아는 한 지인은 첫째아이를 대치동 학원에 보냈는데 아이가 너무 힘들어하고, 학원 엄마들과 부딪히는 게 힘들었다고 해요. 그래서 둘째아이는 중계동 학원에 보냈죠. 물론 둘 다

수학에 강한 아이를 만드는 초등 수학 공부법

명문대(서울대, UNIST)에 합격했고요. 살면서 부족하거나 대치동 학원의 도움이 필요한 경우가 생기면 몇몇 엄마들과 공조해 돌아가면서 자가용으로 아이들을 등원시키면 됩니다. 경제적으로 부담이 덜하고 학군 수준도 나쁘지 않으니 중계동 은행사거리 학원가도 괜찮은 선택지인 것 같아요.

목동은 중계동보다는 집값이 좀 더 나가는 편인데요. 대치동만큼 초고가는 아니어서 중계동처럼 도전해보는 것도 좋은 것 같아요. 중계동과 목동은 수학, 과학에 뛰어난 친구들이 많고 학원도 잘 포진되어 있어요. 영재원과 경시대회 준비생들 중 최상위 성적을 유지하는 친구들이 많이 있습니다. 아무래도 면학 분위기가 잘 조성되어 있다 보니 공부 자극도 받기 좋고요. 유해시설이 상대적으로 적어서 아이들이 나쁜 쪽으로 빠질 확률도 줄일 수 있죠. 목동은 초중학교 학군이 탄탄해 주로 저학년 때 이사를 가는 것 같아요.

대치동 학원에 꼭 보내고 싶다면, 여러 집이 힘을 모아 학원가 근처에 월세로 작은 오피스텔을 계약해 수업 후 밥도 먹고 잠시 쉴 수 있는 공간을 마련하는 방법도 있어요. 이 경우 굳이 비싼 대치동에 집을 구할 필요도 없고 공부 효율도 높일 수 있어서 좋아요. 대치동은 일단 집값이 너무 올라 경제적으로 여유가 있지 않으면 진입하기 부담스러운 곳이에요. 아이들 수준도 상당히 높아서 '학원홍수'에 빠질 우려도 종종 있고요. 꼭 다닐 필요가 없는 고가의 학원들이 유혹의 손길을 뻗쳐 올 거예요. 학원을 1~2개만 더 보내도 경제적 부담이 장난 아니죠.

워낙 전학 오는 학생들이 많은 곳이다 보니 학교에 누가 새로 전학 왔다고 따돌리거나 무시하는 분위기는 아니더라고요. 각자 자기 공부하기 바쁜 곳이어서 크게 신경 쓰지 않는 분위기입니다. 그런데 대치동에 들어가면 일단 돈을 모으기가 참 힘들더라고요. 친구 따라 강남 가면 경제적 문제로 부부 사이가 멀어질 수 있으니 경제 상황을 고려해서 신중하게 선택하셨으면 좋겠어요.

저희 때는 중학교 내신이 상대평가였지만 요즘은 절대평가라 예전만큼 초중학교 내신에 민감한 상황은 아니죠. 미리미리 고등학교 내신과 수능을 겨냥해 공부한다는 측면에서는 좋은 학군이 도움이 될 수 있어요. 학군이 좋은 곳은 학원 인프라도 좋아서 최상위권 친구들에게는 장점이 꽤 많아요. 그렇다고 아이에게 맞지 않는 옷을 억지로 입히시면 안 됩니다. 반드시 아이와 상의해서 결정하세요. 더불어 우리 집 경제 형편에도 무

수학에 강한 아이를 만드는 초등 수학 공부법

리가 없는 곳인지 내밀히 파악하셔야 해요. 경제적인 문제가 없어야 끝까지 버티고 좋은 결과를 얻을 수 있답니다.

3. 친구 엄마들에게 휘둘리지 말기

이사를 가면 당황스러운 문제가 또 있죠. 가끔, 아니 자주 학원이나 학교에서 소위 '센' 엄마들과 마주하게 됩니다. 특히 특정 팀모임의 리더는 파워가 막강해요. 예를 들어 성적이 극상위권인 멤버들이 포함된 팀을 이끄는 엄마들 중에 학원가를 좌지우지하고, 아이들에게도 다소 지나친 행동을 하는 경우가 있어요. 학원에서도 이런 엄마의 눈치를 안 볼 수 없는데요. 요구 사항을 들어주지 않으면 팀에 소속된 아이들을 다른 학원으로 옮겨버리기 때문이에요.

좋은 학군지일수록 학원가는 엄마들 입소문으로 움직이고 휘둘립니다. 문제는 아이들인데요. 그 사이에 낀 아이들까지도 좌지우지하려고 드는 엄마들이 있거든요. 이럴 때 정말 힘들죠. 특히 이런 문제가 심한 곳이 대치동이에요. 문제를 지혜롭게 잘 해결하는 분들도 있고, 그곳의 악몽을 아직까지 잊지 못해 트라우마를 갖고 계신 분들도 있더라고요.

다른 엄마들에게 너무 휘둘리실 필요는 없어요. 아이가 상처받는 것 같고, 팀이 힘들다면 혼자서 필요한 학원만 다니게 하세요. 특정 모임에 소속되지 않고도 최상위권인 아이들도 많거든요. 엄마가 조금만 발품을 팔면 아이에게 맞는 학원을 찾을 수 있으니 팀에 너무 흔들리지 않으셨으면 해요.

4. 학군이 좋다고 결과도 좋을까?

제 지인들의 사례를 소개할게요. 좋은 학군이 꼭 모든 아이에게 통용되는 건 아닌 것 같아요. 대치동의 특성을 정말 잘 살려서 원하는 대학에 진학하는 아이도 있는 반면, 어떤 친구는 대치동에 와서 후회하기도 하고, 중계동이나 목동에서 자신의 장점을 잘 살려 명문대에 합격하는 경우도 있죠. 이사 가지 않고 시의적절하게 필요한 때만 유명 학군의 학원을 이용해 경제적으로 무리 없이 입시를 준비하는 경우도 있고요.

예를 들어 A군은 중계동에서 성적이 우수해 더 잘하기 위해 대치동으로 이사합니다. 중계동에서는 내신 전교 1등은 물론, KMO 금상에 빛났고 학업 성취도도 뛰어났습니다. 저희 아이 학교 선배이기도 하고, 함께 학교 대표로 수학경시대회를 치룬 경험도 있어서 A군의 실력은 저도 너무 잘 알고 있었죠. 대학은 서울대 수학과에 합격합니다. 목표로 한 의대에 가지 못해 많이 아쉬워하더라고요. 이후 미국 아이비리그 대학의 문도 두드렸지만 잘되지 않았다고 해요.

B군은 A군만큼은 아니지만 중계동에서 성실하기로 유명한 아이였어요. KMO에서 두각을 드러내지 못했고, 영재고도 가지 못했지만 중계동에 있는 일반고에서 전교 1등을 유지해 서울대 의대에 수시로 합격했죠. 용인 수지에서 학교를 다닌 C군 역시 B군과 거의 비슷한 사례로 서울대 의대에 들어갔는데요. 만일 B군과 C군이 A군처럼 대치동 학교로 진학했다면 이런 좋은 결과를 내기는 어려웠을 거예요. 지역에 맞게 대입 전략을 짠 것이 좋은 결과로 이어진 것입니다.

D군은 태어나서 쭉 대치동에 산 소위 '대치동 키즈'인데요. D군의 엄마는 대치동 학원을 다 꿰고 있었고, 입시 전략도 뛰어나서 경쟁자들을 재치고 서울대 의대를 가게 되었어요. 말하다 보니 의대만 예를 들게 되었네요. 하버드대학에 들어간 E군의 사례를 볼까요? E군은 목동에서 학교와 학원을 다니고, 부족한 부분만 대치동 학원을 이용했어요. 대치동 학군이 아님에도 하버드대학에 갔죠.

제가 강조하고 싶은 건 대치동이 꼭 정답은 아니라는 겁니다. 경제적으로 걱정 없고 잘 적응한다면 괜찮은 곳인 건 틀림

없지만 대치동이 왕도는 아니에요. 어차피 특목고를 노린다면 중학교 내신은 절대평가다 보니 학군과 무관하게 아이 나름대로 노력만 하면 충분합니다. 더불어 입시에서 내 아이에게 유리한 지역은 어디인지, 유효한 입시 전략은 무엇인지 꼼꼼히 확인한다면 꼭 대치동이 아니더라도 충분히 좋은 결과를 얻을 수 있답니다. 그러니 너무 학군에 목매지 마시기 바라요.

정리해보면, 좋은 학군으로 이사 가는 데 있어 고려해야 하는 부분은 아이의 적응 여부입니다. 아이가 잘 적응하는지, 실력은 되는지 이사 전에 해당 학군 근처 학원에 한 달 정도 보내보세요. 또한 가정의 경제적 상황을 고려해 이사할 학군을 정할 필요도 있다는 점을 말씀드려요. 아무리 학군이 좋아도 아이 특성에 맞게 입시 전략을 세워 좋은 대학을 갈 수 있는 곳을 선택하셔야 해요. 마지막으로 만약 전학을 간다면 심한 스트레스로 아이에게 부작용이 생기지 않도록 세밀하게 챙겨주세요. 분위기가 바뀌었다고, 해당 학군에 있는 다른 아이들이 내 아이보다 공부를 잘한다고 해서 절대 조급해하지 마세요.

수학에 강한 아이를 만드는 초등 수학 공부법

교육 환경, 물론 중요합니다. 그런데 준비되지 않은 상태에서 아이 실력과 차이가 많이 나는 곳으로 이사를 간다면 비극이 시작될 수 있어요. 좋은 학군으로 이사 가는 데 있어 고려해야 하는 부분은 아이의 적응 여부입니다. 또한 가정의 경제적 상황을 고려해 이사할 학군을 정할 필요도 있다는 점을 말씀드려요. 마지막으로 만약 전학을 간다면 심한 스트레스로 아이에게 부작용이 생기지 않도록 세밀하게 챙겨주세요.

주의가 필요한
학부모 모임

　학부모 모임에서 절대로 해서는 안 되는 세 가지 행동에 대해 말씀드리려 해요. 학부모 모임은 학사 일정에 관련된 정보나 학교, 교사, 학급 학생들에 대한 정보를 간략하게 얻기 위해 참석하는 모임인데요. 이게 대단한 모임도 아닌데 어떤 모임이 있다 그러면 '모임 때 무슨 옷을 입고 가지?' 하는 고민도 들고, 걱정 반 기대 반 이러저런 생각이 듭니다. 괜히 모임에서 실수라도 하시면 나중에 두고두고 후회하게 될지 몰라요. 제가 강조하는 세 가지만 주의하신다면 큰 무리 없이 학부모들과 즐

수학에 강한 아이를 만드는 초등 수학 공부법

겹게 교류하는, 여러분이 상상하시는 그런 좋은 자리가 될 것입니다.

세 가지 주의사항

1. 뒷담화는 금물

첫 번째로 학급 친구의 뒷담화를 하시면 안 됩니다. 사실 여자들은 수다가 좀 있잖아요. 친구들 하고 전화를 할 때도 1시간 동안 이야기하고 "우리 못 다한 말은 다음에 카페에서 마저 하자."라고 마무리하곤 하죠. 그만큼 우리는 수다가 일상인데요. 만약 학부모 모임에서 몇 시간씩 대화를 나누다 말실수를 하게 되면 큰 문제가 생기기도 해요. 그래서 중요한 건 첫째도, 둘째도 '말조심'입니다.

예전에 한 어머니가 그냥 편하게 티타임처럼 생각하고 딸의 학급 친구 이야기를 하셨나 봐요. 낮말은 새가 듣고 밤말은 쥐가 듣는다고 하죠? 이야기가 여기저기 떠돌다 학급 친구 어머니의 귀에까지 닿았다고 합니다. 어느 날 아이가 학교에서 그만 사색이 되어서 돌아온 거예요. 알고 보니 친구들이 "너희 어머니는 무슨 말을 했길래 우리 엄마가 내게 화를 내는 거야?" 하는 식으로 따졌고, 급기야 왕따가 되었답니다.

상황이 심각해지면 전학을 고려하는 일까지 생길지 몰라요. 어른인 우리들이야 대화로 문제를 해결할 수 있지만 아이들은 사소한 일 하나로 관계가 틀어지기도 하잖아요? 학부모 모임은 우리가 쉽게 생각하는 그런 '수다'를 해서는 안 되는 장소입니다. 오래도록 관계를 유지한 친구 한두 명 정도가 모인 자리라면 마음껏 대화할 수 있지만, 학부모 모임에서는 꼭 말조심을 하셔야 해요.

2. 과시는 금물

두 번째로 학부모 모임에서 무언가를 과시하시면 안 됩니다. 자기 자식은 누구에게나 소중하고 중요하죠. 자랑하고 싶은 것도 많고요. 학부모 모임에 가보시면 꼭 한두 분이 자기 자식 자랑을 늘어놓고 허세를 부리곤 해요. 그런 분들은 보통 아이를 둘 이상 낳아 첫째를 키우면서 이미 노하우를 습득했거나, 첫째를 좋은 학교에 보낸 경험이 있어 기세등등한 경우가 많은데요. 아이 하나만 낳은 엄마들이 다 동생뻘이다 보니 리더처럼 나서서 조언을 하기도 합니다. 그럴 때 속이 좀 불편하시더라도 함께 나서서 자랑하고 그러시면 안 됩니다. 그런 분들은 대개 이런저런 모임을 운영하는 경우가 많아서 괜히 척질 필요가 없어요. 이럴 때는 정말 중립을 잘 지키시면서 귀 기울이고 "아~ 그렇군요." 하고 맞장구쳐주시는 게 좋아요.

그런데 성격상 그런 거 잘 못하시는 분도 계시잖아요. 학부모 모임에서 좋은 대인관계를 형성할 자신이 없으시다면 그냥 학기 초반에 잠깐 모임에 참석하시고, 중간에 한 번 정도만 더 나가셔도 됩니다. 학부모 모임이라고 해서 그렇게 대단한 것도 아니에요. 한두 분 정도 마음이 맞는 분이 있나만 체크하시고 굳이 모임자리에서 무언가를 과시하거나 자랑하는 실수는 절대 하지 마시기를 바랍니다. 이번엔 어머니들 쪽에서 왕따를 시킬 수 있으니까요. 어머니들 왕따가 무서운 게 아니라 내 아이에게 피해가 갈 수 있으니 주의가 필요해요.

3. 비교는 금물

세 번째는 학부모 모임 후에 우리 아이와 다른 집 아이를 비교해선 안 된다는 거예요. 학부모 모임을 다녀온 다음에 불안한 마음이 생겨서 문제집을 사거나, 학원을 알아보거나, 아이에게 폭풍 잔소리를 하는 경우가 종종 있는데요. 이런 식으로 학부모 모임에 휘둘리면 안 됩니다.

엄마가 모임만 다녀오면 잔소리를 하는데 어떤 아이가 좋아하겠어요? 학부모 모임에서 누가 잘한다더라, 이런 식으로 공부하면 안 된다더라 하는 이야기를 듣고 괜히 조급해서 전전긍긍하시면 오히려 부작용만 커질 수 있어요. 머리로는 비교하지 말아야겠다고 생각하는데 괜스레 마음이 불안하고 혼잡하다면 차라리 그런 모임 자체를 줄이시는 것도 한 방법이에요.

저는 혹시라도 말이 생길까 아이가 고학년 때는 학부모 모임에 거의 가지 않았는데요. 왜냐하면 모임만 나가면 학부모들이 제 아이가 어떤 스펙을 얼마만큼 준비했는지, 점수는 어떻게 나왔는지 자꾸 여쭤보셨기 때문이에요. 제가 실수로라도 말실수를 하면 그러한 말이 돌고 돌아 아이에게 상처가 될 수도 있겠다고 생각했고, 그래서 일시적으로 잠수를 탔어요.

끝으로 다시 한번 강조하지만 학부모 모임은 분위기를 파악하는 정도의 의미만 있을 뿐, 그 이상도 그 이하도 아니란 걸 알아두셨으면 좋겠어요. 이것만 주의하신다면 학부모 모임에 대해 걱정할 일은 없을 거예요.

수학에 강한 아이를 만드는 초등 수학 공부법

학부모 모임은 학사 일정에 관련된 정보나 학교, 교사, 학급 학생들에 대한 정보를 간략하게 얻기 위해 참석하는 모임인데요. 제가 강조하는 세 가지만 주의하신다면 큰 무리 없이 학부모들과 즐겁게 교류하는, 여러분이 상상하시는 그런 좋은 자리가 될 것입니다.

1. 뒷담화는 금물
2. 과시는 금물
3. 비교는 금물

시험에 강한 아이 vs.
실전에 약한 아이

아이를 키우면서 저도 덩달아 다양한 종류의 시험을 경험하게 되었는데요. 결과들이 대체로 좋아서 그 비법을 여러분에게도 공유하고자 해요. 내신, 수능, 토플, 경시대회, 영재원 시험, AP, SAT, IB 등 아이들은 초등에서 대입까지 살면서 정말 많은 시험을 접하게 됩니다. 그런데 준비한 만큼 결과가 나오는 아이가 있는가 하면, 생각보다 점수가 좋지 않아 속상한 경우도 있잖아요. 그럼 시험에 강한 아이로 키우려면 어떻게 해야 할까요? 시험 잘 보는 아이들의 비법은 무엇일까요?

수학에 강한 아이를 만드는 초등 수학 공부법

실전에 강해지는 다섯 가지 비법

1. 준비하는 시험의 특성과 유형 분석하기

실전에서 좋은 성적을 거두기 위해서는 자녀가 치를 시험의 특성과 유형부터 분석해야 합니다. 보통은 그냥 유명한 교재를 한두 권 정도 사서 열심히 풀게 하는데요. 이렇게 되면 공부량도 파악하기 힘들고, 나름 열심히 공부해도 성적이 안 나오는 경우가 많아요. 그럼 어떻게 준비하고 공부해야 최상의 성적이 나올까요?

일단 준비하는 시험의 유형만 잘 파악해도 시간을 크게 아낄 수 있어요. 그러기 위해서는 먼저 기출문제를 풀고 분석해야 하는데요. 시험마다 스타일이 달라서 꼭 그 시험의 특성에 맞는 방식으로 준비하셔야 해요. 예를 들어 영어를 아무리 잘해도 SAT, 토플에서 고득점이 담보되는 건 아니에요. 반대로 SAT, 토플에서 고득점을 받았다고 해서 학교 영어 내신시험 점수가 담보되는 것도 아니고요. '말도 안 돼. SAT, 토플 시험이 훨씬 어려운 시험인데?' 하고 생각할 수도 있는데요. 시험 스타일이 많이 다르기 때문에 아무리 실력이 있다 해도 해당

1. 보기   2. 풀이

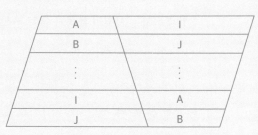

시험에 맞는 연습이 필요합니다.

초등 5학년 수준의 수학경시대회 문제를 살펴보겠습니다. 보기와 같이 큰 사다리꼴을 높이가 같은 10개의 작은 사다리꼴로 나눠 그 넓이를 각각 A, B, C, D, E, … J라고 했습니다. A=3cm², J=14cm²라고 하면 큰 사다리꼴 전체의 넓이는 얼마일까요? 사다리꼴의 넓이를 구하는 문제입니다. 이 문제가 왜 일반적인 내신시험과 다를까요? 만일 내신시험이었다면 단순히 사다리꼴 넓이를 구하는 공식만으로도 문제 풀이가 가능했을 것입니다.

사다리꼴 넓이를 구하는 공식={(윗변)+(아랫변)}×(높이)÷2

하지만 수학경시대회 문제는 단순히 공식 하나만으로는 풀 수 없어요. 생각의 전환, 즉 사고력을 요하기 때문입니다. 이 문제를 풀기 위해서는 풀이처럼 주어진 사다리꼴을 뒤집어 붙여 평행사변형으로 만들어야 합니다. 내신시험에서 한 걸음 더 나아가 난이도를 높인 것입니다.

문제의 유형과 결이 다르다 보니 수학경시대회에서 금상을 받은 아이도 방심하면 내신시험에서 2~3개씩 틀리는 일이 벌어지는 것입니다. 아무리 어려운 수학을 잘해도, 내신시험이 상대적으로 쉬울지라도 그 유형에 맞는 학습과 연습이 동반되지 않으면 실수가 나오기 마련입니다. 물론 경시대회에서 좋은 성과를 거뒀다면 상대적으로 적은 시간만 노력해도 내신에서 만점을 받겠죠.

때때로 '아이가 이미 수학영재 소리를 듣는데, 따로 공부할 필요가 있을까요?' '학교 시험은 너무 쉬우니까 그냥 실력대로 풀면 되지 않나요?' 이렇게 우기시는 학부모도 계신데요. 방심하지 마시고 내신시험 유형을 파악하고 관련 문제를 시간 내 푸는 연습을 꼭 병행하시기 바랍니다. 또는 학교에서 제공하는 프린트나 부교재를 꼼꼼히 보셔야 해요. 시험의 특성과 유형을 파악하고 이해해야 고득점을 받을 수 있다는 점, 꼭 명심하기 바랍니다.

2. 시험과 비슷하게 실전처럼 연습하기

시험 공부가 거의 마무리될 즈음, 실제 시험과 비슷한 환경과 상황에서 실전처럼 문제 푸는 연습을 해보셔야 해요. 그래야 현재 실력을 정확하게 판단할 수 있거든요. 시간에 구애 없이 편한 환경에서 기계적으로 암기하고 문제를 풀고 채점하면 실전보다 점수가 높기 마련이에요. 이 정도면 공부가 충분하다고 오인할 수 있어요. 그래서 시험 공부가 어느 정도 마무리 단계라면 시험과 동일하게 시간을 정해두고 문제를 풀게 해보세요. 실전과 유사하게 시험을 치르면 어디가 부족하고, 어떤 점을 보완해야 할지 구체적으로 파악할 수 있어요.

저희 아이가 각종 시험에서 거의 최고점을 받은 비법은 간단해요. 앞서 말씀드린 대로 각 시험의 특징을 파악하고, 최대한 실전과 유사한 상황에서 시험을 준비한 덕분이죠. 과정이 중요하다고 하지만, 결과까지 좋으면 더 열심히 공부할 맛도 나고 좋지 않겠어요?

수학에 강한 아이를 만드는 초등 수학 공부법

3. 헷갈리는 부분 A4 1~2장으로 요약하기

시험 전날에는 공부한 내용 중 헷갈리는 부분이나 중요한 부분만 따로 추려 A4 1~2장으로 요약해보세요. 시험 직전 쉬는 시간에 훑어볼 수 있게요. 책이나 문제집을 통으로 시험장에 갖고 가면 가뜩이나 떨리고 머릿속이 복잡한데 어디를 봐야 할지 짚어내기가 힘들어요. 그냥 포기하고 친구들과 수다를 떨거나, 쉬는 시간을 말 그대로 '쉬는' 시간으로 보내는 일이 벌어질 수 있어요. 1~2장 정도로 핵심을 요약해 정리하면 짧은 시간 동안 훑어볼 수 있고, 시험지를 받자마자 암기한 내용을 위에 쭈르륵 적어두면 한두 문제는 더 맞힐 수 있어요.

참고로 시험지를 받으면 곧바로 풀지 말고 우선 마지막 장까지 눈으로 쭉 살펴보면 좋습니다. 문제가 평소와 다른 유형으로 출제될 수도 있으니, 시험지를 받으면 바로 풀지 말고 뒷장까지 유형을 그냥 한 번 쓱 보고 난 다음에 푸는 게 좋아요. 그러면 시간을 배분하는 데 도움이 된답니다.

4. 시험 장소 미리 방문해보기

학교 내신이 아닌 각종 경시대회나 공인시험일 경우 보통 학교가 아닌 외부시설에서 시험을 보잖아요. 낯선 장소에서 시험을 본다면 시험 1~2주 전에 한 번 방문해볼 필요가 있어요. 직접 가서 고사장과 화장실 위치 등을 파악하고, 시험 장소가 소음이 많은 곳인지, 책상과 의자가 아이에게 적당한지 등을 확인해보세요. 불편한 점을 미리 인지하면 시험 당일에 당황하는 일은 없을 거예요. 또 고사장까지 가는 데 시간이 얼마나 걸리는지 대략적으로나마 알 수 있어서 좋아요.

5. 최상의 컨디션과 자신감 유지하기

시험을 치를 때 뭐니 뭐니 해도 중요한 건 컨디션과 자신감이에요. 그래서 시험 몇 주 전부터 수험생용 영양제며 보약이며 챙겨주는 집도 있고 스트레스를 덜 주려고 가정에서 신경을 정말 많이 쓰는데요. 무엇보다 중요한 건 충분한 숙면이라 생각해요. 시험 전날 벼락치기를 한다고 잠을 설치지 않게 적절한 수면시간을 보장해주세요.

너무 긴장된 나머지 액상형 청심환 1병을 다 마셨다가 졸음이 쏟아져 시험을 망친 경우도 있으니, 지나치게 떨리고 긴장되더라도 청심환 복용은 주의가 필요해요. 시험 1~2주 전에 미리 청심환을 반 병 정도 마셔보고 아이 상태가 어떤지 확인하는 것도 한 방법이죠. 굳이 먹을 필요는 없지만 시험이 처음

이라 아이 마음이 흔들린다면 테스트를 한 후 증상을 보고 복
용 여부를 결정하실 필요가 있어요. 시험도 곧 습관입니다. 한
두 번 어려운 시험을 치르면 시험이 익숙해지면서 담담하고
차분하게 실력을 십분 발휘하게 될 거예요.

시험이 너무 떨린다며 엄마 손을 꼭 잡고 부들부들 떨던 어
린 시절의 아들과 친구들의 모습이 떠오르네요. 그런데 아이가
너무 떨리고 긴장한다고 해서 걱정하실 필요는 없어요.『실전
에 강한 아이로 키우는 법』을 집필한 모리카와 요타로는 '긴장'
에 대해 다음과 같이 조언합니다.

'긴장'과 '실패'는 한데 묶기 쉽습니다. 하지만 이 둘은 본래 결
코 같은 뜻이 아닙니다. 그런데 언제부터인가 많은 사람들이
'긴장한다=실패한다=나쁜 것'이라고 생각합니다. '긴장해서
말을 제대로 못했다', '긴장해서 믿을 수 없는 실수를 저질렀
다'같이, '과거에 긴장해서 실패한 경험'에 의해 긴장과 실패가
한 세트가 되어버렸기 때문입니다.

'긴장=나쁜 것'이라는 생각은 지양하셔야 해요. 실전에 강
하다고 해서 긴장을 아예 하지 않는 건 아니랍니다. 아이가 긴

장되고 떨려도 잘못된 게 아니니 의연하게 대처할 수 있도록 옆에서 용기를 북돋아주세요.

누구나 처음은 불안하고 불완전하기 마련이에요. 부단한 노력과 훈련을 통해 시험에 대비한다면 어느 순간 '시험에 강한 아이'로 자리매김할 것입니다. 여러분의 자녀가 노력한 만큼 빛나는 결과를 얻기를 기원합니다.

KEY POINT

시험 잘 보는 아이들의 비법은 무엇일까요? 실전에 강해지는 다섯 가지 비법은 다음과 같습니다.

1. 준비하는 시험의 특성과 유형 분석하기
2. 시험과 비슷하게 실전처럼 연습하기
3. 헷갈리는 부분 A4 1~2장으로 요약하기
4. 시험 장소 미리 방문해보기
5. 최상의 컨디션과 자신감 유지하기

수학에 강한 아이를 만드는 초등 수학 공부법

아이가 사춘기를
겪고 있다면

아이가 지금 사춘기를 겪고 있거나 혹은 사춘기를 앞두고 있다면 마음이 굉장히 불안하실 거예요. 자녀의 사춘기가 시작되면 부모인 우리는 굉장히 당황합니다. '얘가 도대체 왜 이러는 거지?' '왜 이렇게 무례하게 구는 거지?' 이런저런 생각도 들고 화도 나죠. 사춘기의 원인을 과학적 근거로 알아보고 해결책을 찾는다면 훨씬 대처하기 수월할 테지만, 주위에서는 그냥 막연히 참고 인내하라는 말뿐입니다.

사춘기가 중요한 이유는 자녀의 학습 태도와 공부 습관에 직접적인 영향을 미치는 시기이기 때문입니다. 주로 사춘기가 절정에 이르는 중학교 2학년 때 성적이 곤두박질치는 경우가 많은 이유인데요. 의외로 사춘기 대처 방안에 대해 잘 모르는 학부모가 많습니다.

사춘기에 접어들면 아이가 감정을 왜 이렇게까지 불편하고 거칠게 표출하는지, 뇌의 변화를 살펴보면 간단히 이해할 수 있는데요. 『10대 놀라운 뇌 불안한 뇌 아픈 뇌』를 집필한 김붕년 서울대병원 소아청소년정신과 교수는 다음과 같이 이야기합니다.

"사춘기에는 남성호르몬인 테스토스테론 분비가 증가하면서 뇌에서 부정적인 감정을 처리하는 편도핵을 자극한다. 또한 인간을 가장 인간답게 해주는 사고능력, 감정 조절 능력을 만들어내는 전두엽이 일시적으로 불안정해진다. 이로 인해 뇌 발달과 동시에 정서적 변화가 일어날 수 있으며 이상 행동도 보일 수 있다."

사춘기는 테스토스테론 분비로 부정적 감정을 증폭시키는 편도핵이 자극을 받고, 전두엽이 일시적으로 불안정해지면서

수학에 강한 아이를 만드는 초등 수학 공부법

돌발적인 행동이 나온 결과입니다. 아이가 갑자기 돌변해 화를 내거나 욕설을 하면 너무 황당하고 화가 나실 거예요. '내가 이러려고 사랑으로 자식을 키웠나?' 하는 후회도 되고요. 그런데 우리만 힘들고 속상한 게 아니라 아이의 마음도 굉장히 힘들고 어렵습니다. 뇌에서 일어나는 돌발적인 변화들로 인해 당혹스러움을 느끼는 거죠. 김붕년 교수는 사춘기 자녀를 둔 부모에게 '수용과 경청'의 자세를 강조합니다.

"굉장히 온순했던 아이가 공격적인 말과 행동을 하거나 문을 쾅 닫고 들어가 대화를 단절할 수가 있거든요. 이럴 때 부모님이 '버릇이 없다'며 훈육으로 접근하면 아이의 혼란을 더욱 가중시키는 결과를 가져올 수 있어요. 아이를 수용하고 존중해주는 방향으로 훈육 방식을 바꾸는 게 좋죠. 수용과 경청을 늘 잊지 않으시면 좋겠습니다."

사춘기가 중요한 이유는 '사춘기 뇌'가 무한한 발전 가능성이 있기 때문입니다. 뇌 속 뉴런(신경세포)은 다른 뉴런과 연결되어 시냅스라는 구조를 이루는데, 뇌에서는 뉴런 간의 연결망이 얼마나 단단하고 촘촘하게 퍼져 있느냐가 중요하다고 해요.

사춘기 때는 전전두엽 피질 뉴런이 충분히 연결되어 있지 않아 미성숙한 모습을 보일 수밖에 없는 시기입니다. 연세대학교 장진우 교수는 "성인, 보통 20대 중반이 되어서야 기본적인 연결망이 완성된다."라고 말합니다.

뉴런 간의 연결망이 미완성 상태라는 건 다른 측면에서 보면 사춘기 뇌가 무한한 발전 가능성이 있다는 뜻이죠. 뇌는 경험, 학습, 외부 자극에 따라 연결망이 다시 만들어지거나 달라지는데 사춘기는 그런 작용이 가장 왕성하게 벌어지는 시기입니다. 한마디로 사춘기는 두뇌 발달이 촉진되는 골든타임인 것입니다. 힘들겠지만 아이를 훌륭하게 키우기 위해서라도 이 고비를 잘 넘겨야 합니다.

📝 성공적인 사춘기 대처법

1. 엄부자모 혹은 엄모자부

사춘기 시기에는 엄부자모(嚴父慈母) 혹은 엄모자부(嚴母慈父)가 중요한데요. 엄부자모란 엄격한 아버지와 사랑이 깊은

수학에 강한 아이를 만드는 초등 수학 공부법

어머니라는 뜻으로, 양육 시 아버지는 엄격히 훈육하고 어머니는 깊은 사랑으로 보살펴야 함을 이르는 말입니다. 엄모자부는 반대로 어머니가 엄격히 훈육하고 아버지가 깊은 사랑으로 보살펴야 한다는 뜻이고요. 쉽게 말해 사춘기 아이의 마음을 다잡고 방황하지 않게 보살피기 위해서는 아빠든 엄마든 어느 정도 엄격한 모습을 보일 필요가 있다는 뜻이에요. 동시에 혼란스럽고 공허한 마음을 따뜻하게 감싸줄 사랑 또한 필요합니다.

사춘기 대처법은 음악으로 표현하면 '강약중강약', 연애로 보면 '밀당'과 같습니다. 속에서 천불이 나시겠지만 아이의 뇌와 마음은 혼란스럽고 아픈 상태라는 걸 이해하셔야 합니다. 이 시기에 효과적으로 대처하기 위해서는 부모가 중심을 잡고 위엄과 사랑을 적절히 유지하셔야 해요. 위엄이 너무 과해 아이를 잡거나, 사랑이 너무 과해 투정을 다 받아주시면 안 됩니다.

아이가 유순하다면 크게 센 반항을 하진 않을 거예요. 그렇지만 평소에도 고집이 제법 센 아이라면 때로는 엄격히 대하실 필요가 있어요. 반항심이 강한 아이는 잘 다독이셔서 그 기질을 긍정적인 방향으로 이끄실 필요가 있어요. 고집이 세고 반항심 있는 아이는 결국 둘 중 하나거든요. 공부와 완전히 등져버리거나, 공부에 꽂혀 성질만큼 악착같이 공부하거나.

아이의 성향에 맞게 때로는 살살 달래고, 또 때로는 다소 엄한 모습도 보이시면서 잘 지도하시기 바랍니다. 힘들고 답답하시겠지만 잠시 바람도 쐬면서 이 시기를 현명하게 극복해나가시길 바라요.

2. 잔소리 줄이기

사춘기 아이들은 굉장히 무기력한 모습을 보이고 멍할 때가 많아요. 이럴 때 학습 의욕을 고취하겠다고 잔소리를 하시면 오히려 공부와 멀어지는 부작용을 겪습니다. 이 시기에 제가 활용한 방법은 '잔소리 10번 중 9번 참기'였어요. 어차피 사춘기 때는 잔소리를 해도 아이가 듣지 않아요. 10번 잔소리를 하면 10번 다 안 들어요. 그럴 바에는 꾹 참고 10번 중 9번은 그냥 아이의 자율권을 인정해주세요. 정말 중요한 한 가지, 그냥 지나치면 안 되는 한 가지만 콕 짚어서 잔소리를 하시면 아이도 어느 정도 말을 들을 거예요.

자율권을 존중해주시고 평소에 잔소리를 안 하시면 반항심도 덜 생기고 아이의 마음도 부드러워질 거예요. 어쩌다 딱 한번, 부모가 정말 중요한 무언가를 지적하면 말도 잘 듣고 반감

수학에 강한 아이를 만드는 초등 수학 공부법

이 덜할 거예요. 사실 10번 중 9번을 참고 한 번만 잔소리를 하면, 아이도 잔소리를 잔소리라 느끼지 않습니다. 잔소리가 '잔' 소리인 이유는 사전적 의미 그대로 사사건건 자질구레하고 자잘한 말이기 때문이에요.

3. 공부 성취감 느끼게 하기

무기력함에 빠진 사춘기 아이들은 유튜브만 보거나 게임만 주구장창 하는 경우가 많아요. 이때도 아이의 자율권을 존중해 줘야 할까요? 아닙니다. 하지만 그렇다고 자녀에게 화를 내거나 싸우시면 안 돼요. 다루기 힘든 야생마도 잘 길들이면 명마가 된다고 하죠. 화내지 마시고 차분하게 아이를 훈육해주세요.

그럼에도 꿈쩍을 안 한다고요? 아이가 유튜브나 게임에 빠지는 이유는 무엇일까요? 유튜브와 게임은 조금만 몰두해도 무언가를 '성취'할 수 있기 때문이에요. 그게 재미와 흥미, 오락적인 부분에 치우친 성취라는 게 문제지만요. 반면 공부는 그렇지 않죠. 1시간이고 2시간이고 단기간에 성과가 나오지 않으니 흥미를 붙이기 힘들어요.

이때는 아이로 하여금 다른 방향으로 성취감을 느끼게 해주셔야 해요. 사춘기 아이는 마음이 불안하고, 자신감도 없고,

꿈과 목표가 없는 경우가 많아요. 아이가 하고 싶은 일, 적성과 자질을 파악해 그걸 꿈과 연결시킬 필요가 있어요. 목표를 정해두고 공부를 하면 '그 재밌고 멋진 일을 하려면 공부를 해야 하는구나.' 하고 느끼게 됩니다.

예를 들어 아이가 운동신경은 부족한데 스포츠를 좋아한다면 이렇게 대화를 하는 겁니다. "운동을 좋아하니까, 그럼 운동선수들과 함께 일할 수 있는 직업을 찾아볼까? 해외 선수를 스카우트하는 매니지먼트 회사에서 일하는 건 어때? 그러려면 영어를 잘해야 하고, 계약관계 등을 고려해 법도 잘 알아야겠다." 이런 식으로 아이의 관심사와 학업 간의 연결고리를 찾아 동기 부여에 힘써주셔야 해요. 무조건 공부하라고 하면 절대 안 하거든요. 성적이 향상되면서 아이가 성취감을 느끼면 시키지 않아도 알아서 공부하게 될 것입니다.

4. 따뜻한 격려와 응원

하버드대학 에이미 커디 교수는 대학생 때 교통사고로 운동·언어 장애를 수반하는 다발성 신경 손상 진단을 받습니다. 몸 상태가 좋지 않아 모두가 학업을 포기하라고 권유했지만 그녀는 포기하지 않았고, 두 차례 휴학과 복학을 거듭한 끝에

8년 만에 학부 졸업장을 받는 기적을 일으키는데요. 그녀의 기적은 거기서 끝이 아니었습니다. 놀라운 성취로 훗날 강단에서 학생들을 지도하는데, 오랜 투병으로 자신감을 잃은 그녀는 '여기는 내가 있을 곳이 아니야. 난 여기 어울리지 않아.'라고 끊임없이 생각합니다. 결국 자신보다 훨씬 똑똑한 학생들 앞에서 도저히 강의를 할 수 없다는 생각에 지도교수님께 달려가 조언을 구했고, 지도교수는 이렇게 대답합니다.

"너는 그만두지 않을 거야. 나는 너를 믿는다. 너는 여기 남을 거야. 너는 여기 남아서 이 일을 하게 될 거야. 그렇게 될 거라고 그냥 생각해. 너는 해야 할 모든 강연을 다 마치게 될 거고 그저 계속해서 해내기만 하면 돼."

지도교수의 말대로 그녀는 안 떨리는 척, 잘하는 척 연기를 하며 끝까지 강연을 마쳤고, 연기에 점점 익숙해지자 정말로 그러한 사람이 되어 하버드대학 교수 자리를 당당히 거머쥡니다. 훗날 에이미 커디 교수는 세계적인 사회심리학자가 되어 도전 앞에서 고군분투하는 많은 사람에게 큰 귀감이 됩니다.

놀라운 이야기죠? 에이미 커디 교수의 일화는 사춘기 당시 자신감이 추락한 제 아들에게 정말 큰 힘이 되었어요. 이야기는 여기서 끝이 아닙니다. 하버드대학에서 그녀는 과거의 자신과 똑같이 생각하는, 자신감을 잃고 절망에 빠진 한 학생과 만납니다. 학생은 과거의 그녀처럼 "저는 여기 있어서는 안 될 사람이에요."라고 토로합니다. 에이미 커디 교수는 망설임 없이 이렇게 대답합니다.

"아니, 너는 여기 있어야 할 사람이야. 내일부턴 그런 척하면 돼. 그러면 나중엔 힘을 얻게 될 거야. 그리고 너는 앞으로도 수업을 들을 것이고 수업에서 최고의 의견을 내게 될 거야."

하버드대학에 다닐 자격이 없다며 자책하던 그 학생은, 이후 놀랍게도 에이미 커디 교수의 말대로 최고의 의견을 내는 우수한 학생이 됩니다.

자존감이 떨어져 허우적거리는 사춘기 자녀에게 혹은 마음의 상처가 많은 아이에게 에이미 커디 교수와 그녀의 지도교수님처럼 "넌 할 수 있어. 자신 없다면 자신 있는 척이라도 하는 거야. 너는 하나씩 이뤄낼 거야." 하고 용기와 희망을 주세요. 열 마디 잔소리보다 더 큰 효과를 얻을 거예요.

수학에 강한 아이를 만드는 초등 수학 공부법

5. 좋은 교우관계 형성하기

되도록 사춘기 이전에 좋은 교우관계를 형성할 수 있게 신경을 써야 해요. 왜냐하면 사춘기 때는 부모의 말보다 친구의 영향을 더 많이 받기 때문입니다. 어울리는 친구들이 긍정적인 방향으로 꿈을 공유할 수 있는 아이들이라면 정말 다행이죠. 그런데 굉장히 어둡고 부정적인 성향의 친구들과 어울린다면 헤어 나오기가 정말 어려운데요. 오죽하면 '맹모삼천지교(孟母三遷之敎)'라는 말이 있겠어요? 환경을 바꾸기 위해 전학을 가거나 해외로 유학을 보내는 경우도 흔하죠. 그만큼 친구의 영향이 크고 '친구 따라 강남 가는' 사례가 많습니다.

이 시기에는 아무리 잘 타일러도 아이가 반항심만 갖습니다. 친구에 대해 안 좋게 이야기하는 걸 굉장히 싫어할 거예요. 그래서 되도록 사춘기 이전에 꿈을 공유하고 긍정적인 마인드를 가진 친구들과 사귈 수 있도록 신경 써주시는 게 좋습니다. 사전에 리스크를 줄일 수 있어요.

저희 아이도 사춘기 때 많은 부침과 어려움이 있었어요. 전 아직도 제 아들의 사춘기 시절 꿈을 꾸면 화들짝 놀라서 깨곤 해요. 그래서 사춘기로 고민 많은 여러분의 마음을 잘 이해합니다. 저도 실수를 많이 했고, 후회되는 일도 많았어요. 그래도 포기하지 않고 노력하니 어느 순간 바르게 자라더라고요. 사춘기는 누구나 겪는 힘든 시기이니 너무 마음 조리지 마시고 현명하게 잘 대처하시기 바랍니다. 자녀가 편하게 사춘기 없이 성장한다면 그 또한 정말 감사한 일이죠. 만약 아직 사춘기가 아니라면 혹여 닥칠지 모르는 풍파에 잘 대처할 수 있도록 마음의 준비를 해두시면 좋겠어요.

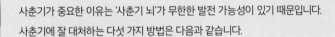

KEY POINT

사춘기가 중요한 이유는 '사춘기 뇌'가 무한한 발전 가능성이 있기 때문입니다. 사춘기에 잘 대처하는 다섯 가지 방법은 다음과 같습니다.

1. 엄부자모 혹은 엄모자부
2. 잔소리 줄이기
3. 공부 성취감 느끼게 하기
4. 따뜻한 격려와 응원
5. 좋은 교유관계 형성하기

수학에 강한 아이를 만드는 초등 수학 공부법

우리 아이
멘탈 관리 노하우

아이 학습에 있어 공부 비법과 정보 못지않게 중요한 게 있는데요. 그건 바로 아이의 멘탈 관리예요. 오은영 박사가 많은 사랑을 받는 이유도 그만큼 정신적으로 힘든 아이와 부모가 세상에 많다는 뜻이겠죠. 특히 성장하면서 틱 장애, 불안장애, 의욕 저하 등 정서적 문제가 발생하는 아이가 많은데요. 문제의 경중을 제대로 따지지 않고 괜히 장애나 큰 병으로 생각해 선입견을 가지면 부작용이 생길 수 있으니 신중을 기해야 합니다. 이번에는 우리 아이가 불안요소나 문제를 슬기롭게 해결하고 자신감 있는 어른으로 성장하는 비법에 대해 이야기해보 겠습니다.

멘탈 관리 솔루션

갑자기 틱 증상이 오거나, 시험 때가 되면 극도로 불안에 빠져서 시험을 망치거나, ADHD 비슷한 증상을 보이거나, 대 인공포증이 있어 발표를 못 하는 등 아이를 키우다 보면 화들 짝 놀랄 만한 일이 한두 가지가 아닙니다. 이럴 때 부모님이 너 무 민감하게 반응하면 오히려 독이 되는 경우가 정말 많아요. 당연히 걱정도 되고 혹여 증상이 깊어져 병이 되는 건 아닐까 우려도 되시겠지만, 그래도 최대한 별일 아닌 듯 따뜻하게 품 어줄 필요가 있어요. 엄마 손이 약손이라고 하잖아요? 자녀에 게 있어 부모의 품과 사랑은 최고의 치료제입니다. 부모가 자 신을 믿고 지지해주면 문제되는 증상이 완화되거나 자연스럽 게 고쳐지기도 해요. 물론 저희도 겪었던 일이고요.

많은 경우 부모님의 사랑과 배려가 아이의 불안요소를 가

수학에 강한 아이를 만드는 초등 수학 공부법

라앉히더라고요. 그래서 부모의 역할이 진짜 중요하다는 것을 절실히 느꼈죠(물론 증상이 심각하다면 반드시 소아정신과를 찾아야 합니다). 아이가 부정적인 증상을 보이면 엄마가 항상 곁에 있다는 점을 알려주며 안심시켜주셔야 해요. 이런 반응은 누구에게나 일어날 수 있다고 안심시켜주셔야 예민해지지 않고 아이 마음이 편안해집니다. 엄마와 아이가 함께 사소한 증상들을 극복하다 보면 자연스레 멘탈이 강해지고 자기관리를 잘하는 아이로 성장하며 한층 단단해집니다.

사실 성인인 우리도 누구나 크든 작든 핸디캡 하나쯤은 가지고 있잖아요. 타인 앞에 서면 입이 잘 떨어지지 않는 사람, 책만 보면 졸린 사람, 당황하면 말을 심하게 더듬는 사람, 긴장하면 몸이 굳어 손에 있는 물건을 자주 떨어트리는 사람 등 누구나 크고 작은 핸디캡을 갖고 살아갑니다. 어른인 우리도 그런데 아이들은 오죽하겠어요? 대부분의 문제행동과 증상은 시간이 지나면 자연스럽게 완화됩니다. 부모인 우리가 문제점을 콕 짚어 지적하고 과하게 반응하면 핸디캡처럼 굳어져 증상이 더 심해질 수 있어요.

아이의 상처나 고민을 들어주고 사랑으로 품어주면 사소한 스트레스나 이상 반응은 분명 줄어들 거예요. 저도 한때 아이가 틱 증상을 보여 병원에 데려가야 하나 걱정한 적이 있었는데요. 따뜻하게 품어주고 매일 괜찮다고 다독거리자 마음에 안정을 찾고 틱 증상이 사라지더라고요. 만일 이런 시도를 하지 않고 소아정신과부터 찾았다면 아이를 환자라고 낙인찍었을지도 모르고, 치료를 위해 약과 상담에 의존하는 아이가 되었을지도 모릅니다(이는 경중에 따라 다른데, 정말 치료가 필요할 정도로 심각한 수준이라면 당연히 소아정신과에서 치료를 받아야 합니다).

발명왕 토머스 에디슨이나 상대성원리를 발견한 알버트 아인슈타인을 비롯해 레오나르도 다빈치 등 무수히 많은 업적을 남긴 위인들도 유년기에 ADHD 증상이라 할 만한 행동을 많이 보였다고 해요. 심지어 일론 머스크는 아스퍼거 증후군을 앓고 있지만 세계에서 가장 영향력 있는 기업인이 되었잖아요. 세상에 완벽한 사람은 없습니다. 아이가 부족한 부분을 극복하고 장점을 잘 살려 훌륭한 그릇이 될 수 있게 돕는 것이 부모의 진짜 역할인 것 같아요.

다시 말해 자녀가 약점을 보이면 부모가 사랑과 배려로 잘 품어주고 다른 장점을 살릴 수 있도록 유도해야 합니다. 지금 여러분의 자녀는 어떤 상태인가요? 여러분의 눈치를 보고 있진 않나요? 아니면 불안해하고 있지는 않나요? 아이가 부모를

수학에 강한 아이를 만드는 초등 수학 공부법

어려워하면 문제행동이나 관련 증상을 꽁꽁 숨기려 들지 몰라요. 가만히 따뜻하게 바라보며 아이를 위해 어떤 일을 해야 할지 생각하는 시간을 가지셨으면 해요.

저는 이제 역으로 아들의 독립을 지지하고, 아들의 세상에서 엄마의 자리를 비워주는 연습을 해야 하는 나이가 되었네요. 나중에 후회가 남지 않도록 엄마의 도움을 하염없이 필요로 하는 시기에 아이에게 충만한 사랑을 베풀어주세요. 나중에 엄마의 자리를 비워줘야 하는 때가 올 테지만, 그렇다고 사랑의 온도가 절대 식어서는 안 되는 게 부모의 역할인 것 같아요. 여러분, 오늘도 자녀를 보석처럼 빛나는 사람으로 만들기 위해 물심양면 도와주시느라 정말 고생 많으셨습니다.

KEY POINT

성장하면서 틱 장애, 불안장애, 의욕 저하 등 정서적 문제가 발생하는 아이가 많은데요. 문제의 경중을 제대로 따지지 않고 괜히 장애나 큰 병으로 생각해 선입견을 가지면 부작용이 생길 수 있으니 신중을 기해야 합니다. 아이의 상처나 고민을 들어주고 사랑으로 품어주면 사소한 스트레스나 이상 반응은 분명 줄어들 거예요. 물론 이는 경중에 따라 다른데, 정말 치료가 필요할 정도로 심각한 수준이라면 당연히 소아정신과에서 치료를 받아야 합니다.

아이를 사립초등학교에
보내고 싶다면

이번에는 미취학 자녀를 둔 학부모님들께 몇 가지 조언을 드리려고 해요. 혹 아이를 사립초등학교에 보낼까 고민하고 계신가요? 2022년 서울 전체 38개 사립초등학교의 평균 경쟁률은 12.6:1로, 2021년 11.7:1보다 높은 수치를 기록했는데요. 특히 서울 광진구 지역의 한 초등학교는 56명을 뽑는데 1,609명이 몰리는 기염을 토했습니다.

코로나19로 국공립학교에 대한 신뢰도가 무너지면서 최근 사립초등학교에 대한 관심이 더 뜨거워졌는데요. 만일 사립초

수학에 강한 아이를 만드는 초등 수학 공부법

등학교를 고려하고 계신다면 사립초등학교의 장단점과 비전 등을 먼저 고려하셔야 해요.

🖊 어떤 부분을 고려해야 할까?

첫 번째로 이건 사립초등학교의 장점인 동시에 단점인데요. 사립초등학교의 특수한 교육과정이 우리 아이의 상황과 맞는지 고려해봐야 합니다. 사립초등학교는 영어교육의 질이 국공립초등학교에 비해 높다는 메리트가 있습니다. 더불어 승마, 태권도와 같은 체육활동, 플롯, 바이올린과 같은 오케스트라 등 패키지로 진행되는 활동이 교육과정에 포함되는데요. 다양한 체험을 할 수 있다는 장점은 있지만 우리 아이에게 불필요한 활동도 있을 수 있고, 때로는 아예 배울 필요도 없는 수업을 강요받기도 합니다. 부가적인 활동이 많다 보니 국공립초등학교보다 교과 공부를 할 시간이 부족하다는 단점이 있어요. 중고등학교까지 염두에 두고 입시의 큰 그림을 그려서 자녀에게 잘 맞는 초등학교를 선택하시기 바랍니다.

두 번째로 고려해야 할 부분은 사립초등학교의 늦은 하교 시간이에요. 사립초등학교는 하교시간이 좀 늦고, 5~6학년이 되면 굉장히 바빠지기 때문에 이 부분도 염두에 두시는 게 좋아요. 맞벌이부부 입장에서는 좋은 점이기는 해요. 직장생활을 하면서 아이 양육도 할 수 있다는 장점이 있어요. 문제는 아이가 힘들 수 있다는 거예요. 중고등학교에 가면 싫든 좋든 매일 늦게까지 공부할 텐데, 초등학생 때부터 학교와 학원에 시달리는 부분은 좀 안타깝죠.

사립초등학교는 5~6학년이 되면 굉장히 바빠집니다. 중고등학교 과정을 대비하는 공부를 시작하는데요. 시간이 너무 빠듯해서 하교 후 집에도 못 들르고 바로 학원차에 몸을 싣습니다. 학원 숙제도 시간이 없어서 못 끝내는 상황이 발생하죠. 국공립초등학교에 다니는 아이들보다 시간이 확연히 부족하다 보니, 보통 부모님들은 이 시기에 전학을 고민합니다. '지금이라도 일반 학교로 옮길까?' '곧 졸업인데 계속 다닐까?' 또다시 고민이 시작되죠.

만약 이런 문제가 생긴다면 반드시 아이랑 의논해서 결정하셔야 해요. 학교를 다니는 건 아이 본인이고, 전학에 대한 심리적 부담감이 있을 수 있기 때문이에요. 각각의 장단점을 아

수학에 강한 아이를 만드는 초등 수학 공부법

이와 면밀히 고민하고 함께 신중하게 결정하자고 이야기해보세요.

세 번째 고려할 부분은 아이가 일반 중학교에 가서도 과연 잘 적응할 수 있느냐는 문제예요. 사립초등학교는 일반 학교에 비해 선생님에게 일일이 케어받을 수 있다는 장점이 있어요. 가정과 학교 간 연계가 잘되어 있어 긍정적인 피드백도 주고받을 수 있고요. 그런데 중학교에 가면 더 이상 그런 식으로 케어해주지 않아요. 약간은 권위적인 분위기로 바뀌죠. 아이가 선뜻 적응하기 힘들어할지 몰라요. 이런 경우 일반 중학교가 아닌 국제중학교에 다닌다거나, 사립초등학교와 비슷한 환경에 있는 중학교에 간다면 별 문제없지만 그러기가 쉽지 않죠. 그런 부분을 생각하셔서 중학교도 비슷한 환경을 갖춘 학교를 선택하는 것이 좋을 것 같아요.

만일 훗날 일반 중학교에 가서 적응을 못할 것 같아 불안하다면, 차라리 초등학교 고학년 때 국공립초등학교로 미리 옮기는 편이 적응하기 쉬울 수 있어요. 한 살이라도 어릴 때 적응시켜야 아이가 중학교에 가서도 별 탈 없이, 무리없이 적응할 겁니다.

네 번째는 가장 중요한 부분인데요. 경제적 비용을 꼭 고려하셔야 해요. 사립초등학교에 다니면 연 학비만 1천만 원에 달하고 입학비, 스쿨버스비, 체험학습비 등 추가 지출도 꽤 소요됩니다. 다음은 〈아시아경제〉 2022년 12월 8일 기사입니다.

사립초의 연간 학비는 1천만 원 안팎에 달한다. '2018학년도 서울지역 사립초 수업료 현황'을 보면, 서울 시내 모든 사립초의 연간 수업료가 500만 원을 넘었다. 수업료가 가장 비싼 학교는 성동구 한양초로 837만 6천 원이었다. 이어 우촌초(800만 4천 원), 영훈초(765만 원), 경복초(761만 4천 원), 리라초(759만 6천 원) 순이었다. 수업료 외에 대부분의 사립초가 입학금으로 100만 원을 받는다. 여기에 통학버스비, 급식비, 학교 운영지원금 등 기타 활동 비용이 추가되는 점을 고려하면 실제 연간 부담액은 1천만 원을 훌쩍 넘는다.

경제적으로 풍족한 집이라면 해당 안 되는 부분이긴 한데요. 그렇지 않다면 전략을 잘 짜셔야 해요. 저학년 때 너무 많은 비용을 써서 정작 대학과 직접적으로 연관된 중고등학교 때 아이에게 투자하지 못한다면 그야말로 소탐대실입니다. 저학년 때 너무 많은 비용을 투자하기보다 멀리 보시고 고학년 때부터 사교육비가 많이 든다는 점도 참작하셔서 장기적으로 계획을 짜면 좋겠어요. 사립초등학교가 장점이 많은 것은 맞지만 경제적인 부분을 간과하시고 무리하시면 안 됩니다.

결국 우리의 목표는 아이가 중고등학교에서 제대로 공부해 꿈꾸는 대학에 합격하는 거잖아요? 사립초등학교는 단정하고 꼼꼼하게 아이를 잘 케어해주고 다양한 활동을 장려한다는 장점이 있지만, 생각보다 고려해봐야 할 점도 많고 따져야 할 부분도 많습니다. 나중에 중고등학교 때 후회하지 않기 위해서라도 제가 강조한 네 가지는 꼭 검토하시고 사립초등학교 입학 여부를 결정하시기 바랍니다.

KEY POINT

첫 번째로 사립초등학교의 장점인 동시에 단점인데요. 사립초등학교의 특수한 교육과정이 우리 아이의 상황과 맞는지 고려해봐야 합니다. 두 번째로 고려해야 할 부분은 사립초등학교의 늦은 하교시간이에요. 사립초등학교는 하교시간이 좀 늦고, 5~6학년이 되면 굉장히 바빠지기 때문에 이 부분도 염두에 두시는 게 좋아요. 세 번째 고려할 부분은 아이가 일반 중학교에 가서도 과연 잘 적응할 수 있느냐는 문제예요. 네 번째는 가장 중요한 부분인데요. 경제적 비용을 꼭 고려하셔야 해요. 사립초등학교에 다니면 연 학비만 1천만 원에 달하고 입학비, 스쿨버스비, 체험학습비 등 추가 지출도 꽤 소요됩니다.

옥스퍼드대학을 최우수 성적으로 졸업하다

옥스퍼드대학을 최우수 성적으로 졸업한 제 아들과의 인터 뷰입니다. 자녀의 학습 지도에 참고하시기 바랍니다.

Q. 옥스퍼드대학에서 최우수 성적을 받은 비법은 무엇인가요?

석사과정이든 학사과정이든 비슷한 방식으로 공부했던 것 같아요. 보통 한 달 반 정도 시험 준비 기간이 주어지는데, 처음 3~4주 동안은 지금까지 배웠던 것을 쭉 복습하고 나머지 시간은 기출문제를 열심히 풀어보는 식으로 공부했어요. 국내 대학이든 해외 대학이든 보통 대학원 기간은 2년인데요. 영국은 1년이다 보니 남들보다 짧은 시간 안에 2배의 양을 복습해야 한다고 보시면 됩니다. 이게 처음에는 저에게 굉장히 막연하게 다가와서, 잘 대응하기 위해 계획표를 열심히 짰던 것 같아요. 매일매일 '아, 이만큼 해야겠다.' 하고 목표를 세워 꾸준히 성취하는 방식으로 공부했습니다. 그렇게 쭉 하다 보니까 어느 순간 최종 목표를 달성하게 되더라고요.

영국 대학은 석사과정도 학사과정처럼 학위가 등급으로 매겨지는데요. 테스트와 논문으로 점수를 받는데 등급이 가장 높으면 'Distinction', 그다음은 'Pass with Merit', 그다음은 'Pass', 낙제하면 'Fail' 네 가지로 나뉩니다. 저는 'Distinction'으로 당당하게 최우수 성적으로 졸업했습니다.

Q. 졸업논문을 쓸 때 어려웠던 점은 무엇인가요?

사실 졸업논문을 쓸 때 초반이 가장 힘들었던 것 같아요. 관련 분야 논문을 많이 읽어야 하는데 제가 논문을 읽어본 경험이 없었거든요. 논문을 읽는 것 자체가 굉장한 고비였어요. 다행히 무작정 3~4권 정도 읽어보니까 점점 속도가 붙더라고요. 논문을 쓰는 기간이 3개월 정도 주어지는데 그동안 관련 논문만 20개가량 읽었던 것 같아요. 논문 점수를 잘 받기 위해선 개인적인 노력도 중요하지만 지도교수님도 굉장히 중요한 것 같아요. 지도교수님의 피드백이 특히 큰 역할을 합니다.

저는 정말 잘 풀린 케이스여서 운 좋게도 지도교수님이 지극정성으로 매일 피드백을 주셨어요. 지도교수님의 지속적인 피드백은 학생에게 있어 굉장한 동기 부여가 됩니다. 저의 노력과 지도교수님의 세심한 배려가 시너지 효과를 내서 논문 결과도 잘 나온 게 아닐까 싶습니다.

옥스퍼드대학과 임페리얼칼리지 런던, 둘 다 정말 후회 없이 다녔던 것 같아요. 임페리얼칼리지 런던의 경우 코딩을 배웠을 때 이 대학에 오길 정말 잘했다는 생각이 들더라고요. 저처럼 머신러닝 분야에 취직하고 싶은 취업준비생에게는 코딩 능력이 굉장히 중요하거든요. 수학과임에도 불구하고 대학교에서 코딩 연습을 엄청 시켰던 게 저한테는 정말 값진 경험이지 않았나 싶어요.

옥스퍼드대학의 경우 명예를 빼놓을 수 없죠. 세계적인 명문대학이기도 하고, 세계적인 석학인 교수님들 아래에서 배울 수 있다는 것만으로도 엄청난 영광이었던 것 같아요. 제 논문 지도교수님이신 데이비드 콕스 교수님만 해도 현대 통계학의 아버지라고 불리시는 분이거든요. 그런 분의 지도 아래에 좋은 논문을 완성시킬 수 있었다는 것 자체가 정말 영광이었죠. 그리고 무엇보다 주변 친구들이 굉장히 유능하고 열심히 공부했던 게 큰 자극으로 다가왔던 것 같아요. '괜히 환경이 중요하다고 하는 게 아니구나.' 다시 한번 상기하게 되었죠.

Q. 군대는 어떻게 할 계획인가요?

저는 현역병으로 들어가려고 정말 여러 가지 시도를 했었는데요. 일단 제가 출국대기자(코로나19로 학업 도중 잠시 귀국한 상태)라는 이유로 군대영장이 나오지 않더라고요. 너무 황당했고, 그래서 어학병이나 카투사 등 모집병에 지원했는데 추첨제이다 보니 다 떨어졌어요. 현재는 병특을 선택해 'AI 컨설턴트 전문요원'으로 일하고 있어요. 병특은 병역특례요원의 줄임말이에요. 현역병이든 병특이든 선택의 문제인 것 같아요. 1년 반이라는 짧은 시간 동안 군대에 빨리 갔다 와서 커리어를 다시 이어갈 것이냐, 아니면 커리어가 단절되지 않는 대신 3년이란 군복무 기간을 감수할 것이냐, 이건 개인의 판단에 달린 일이라고 생각해요.

Q. 국내 학교, 해외 학교의 장단점은?

제가 국내 학교, 해외 학교에 다 다녀봤는데요. 둘 다 굉장히 좋았어요. 국내 학교는 많은 학습량을 밀도 있게 배울 수 있어서 좋았고, 해외 학교는 학업뿐만 아니라 다양한 활동을 병행할 수 있어서 좋았어요. 해외에서 국제학교를 다닌 경험 덕분에 해외 대학을 진학할 때도 무리 없이 잘 적응할 수 있었죠. 국제학교에서 워낙 다양한 사람들과 교류한 경험이 있었기에 언어적인 문제, 문화적인 문제를 극복하는 일은 전혀 문제되지 않았죠.

Q. 부모님께서 성장기에 어떤 도움을 주셨나요?

제가 오늘날 이렇게 성장한 건 전적으로 부모님 덕분이라고 생각합니다. 공부하기 좋은 환경에 제가 노출될 수 있게 해주신 게 정말 큰 도움이 되었어요. 중학교 때 제가 슬럼프에 빠진 적이 있는데, 이때 자칫 나쁜 길로 빠질 수 있었던 저를 부모님께서 끝까지 놓지 않으시고 잘 잡아주셨던 기억이 납니다. 당시에는 어린 마음에 이해도 안 되고 부모님이 미울 때도 있었지만 지금 돌이켜보면 정말 감사한 마음뿐이에요. 결론적으로는 먼 미래의 이야기지만 제가 나중에 자녀를 낳고 키운다면 부모님께서 저한테 해주신 것처럼 똑같이 자녀를 키울 계획입니다.

Q. 마지막으로 공부해야 하는 이유에 대해 말씀해주세요.

공부하기 힘든 아이들의 마음을 저도 잘 이해합니다. 그런데 좋은 고등학교, 좋은 대학교에 갈수록 더 많은 기회가 생기는 것 같아요. 저도 대학에 다니면서 더 큰 꿈을 꿀 수 있었거든요. 현재 제 꿈은 미래에 테슬라에 입사해 일하는 건데요. 미래의 꿈나무인 아이들이, 꿈을 이룬 미래의 자신의 모습을 머릿속에 그리면서 열심히 공부했으면 좋겠어요.

4장

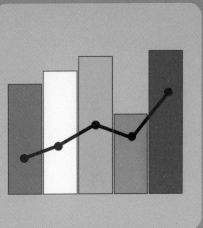

상위 1% 수학영재로
도약하기 위한 시크릿 노하우

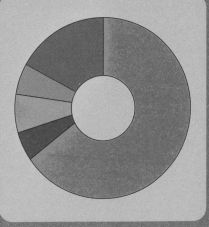

상위 1%의
학습 비법

이번 장에서는 수학이 너무 좋아서 의대를 포기하고 수학과에 간 아이, KMO에서 최고의 성적을 낸 수학영재, 해외 명문대에서 수학과 교수님께 극찬을 받으며 졸업한 아들을 직접 키우고 가르친 제 경험을 소개하겠습니다.

부모님들께서는 일반적으로 '나도 수학을 잘하지 못하는데 아이를 어떻게 도와주지?' 하는 부분을 걱정하시는데요. 너무 걱정하실 필요 없어요. 아이의 장점을 잘 살려주고, 공부할 수 있는 환경을 만들어주고, 헌신적으로 지원한다면 부모가 수학을 잘 모르고 못해도 충분히 '수학에 강한 아이'를 만들 수 있어요. 그러니 걱정하지 마시고 우리 아이가 가고자 하는 길에 적합한 수학 로드맵을 준비해주세요.

만약 수학에 재능을 보인다면 좀 더 깊이 있게, 수학 말고 다른 분야에서 재능을 보인다면 수능에 초점을 맞춰 가르치시면 됩니다. 아이의 적성과 수준에 맞게 준비해야지 남들 따라 무의미하게 허송세월을 보내실 필요는 없어요. 대입은 긴 마라톤입니다. 성실히 그리고 목표점을 정확히 알고 달려야 후회 없이 결승선을 통과할 수 있답니다.

초등 수학이 반이다

수학은 종류가 다양합니다. 수나 식을 일정한 규칙에 따라 정확히 계산하는 연산 수학, 때로는 수학문제인지 국어문제인지 헷갈릴 정도로 창의력이 필요한 사고력 수학, 대입과 직접 연계되어 있는 내신 및 수능 수학, KMO와 같은 경시대회 수학, 그리고 순수 수학과 대비되는 응용 수학 등 종류가 정말 다

수학에 강한 아이를 만드는 초등 수학 공부법

양해요. 아이의 상황과 시기에 따라 배우고 익혀야 할 영역이 다른데요.

초등학교 때는 연산 수학, 사고력 수학, 기초 수학 3박자의 조화가 필요해요. '아~ 이걸 누가 몰라.'라고 생각하시겠지만 생각보다 많은 분들이 '수학'이라고 하면 그냥 뭉뚱그려서 생각하시는 경우가 많더라고요. 어떤 것부터 먼저 해야 하는지, 그리고 어디까지 해야 하며 우선순위는 무엇인지 정확히 파악하셔야 합니다. 그래야 시간도 절약되고 필요 이상으로 어려운 교재를 아이에게 강요하는 우를 범하지 않아요.

아이가 이제 막 수학 공부를 시작했다면 연산 수학과 흥미 위주의 수학도서에 접근해주세요. 만약 영재원, 영재고를 고려하지 않는다면 어려운 경시대회 문제집은 굳이 준비하지 않으셔도 됩니다. 그럴 시간에 심화학습과 선행학습 쪽으로 초점을 맞추는 게 훨씬 효율적이랍니다. 그럼 이 시기에 연산 수학, 사고력 수학은 얼마만큼 준비해야 할까요?

연산에 능숙한 아이는 계산 실수가 없어 다른 친구들보다 자신감 넘치는 모습을 보이는데요. 보통 연산 훈련은 관련 문제집, 학습지를 풀거나 주산을 배우는 식으로 진행합니다. 제 아들은 『기탄수학』 시리즈로 공부했어요. 주변 지인들은 방문

학습지의 도움을 많이 받더라고요. 어떤 종류든 아이가 좋아하는 걸로 꾸준히 시키셔야 합니다. 연산 훈련의 효능감은 처음에는 잘 느끼기 힘든데 학년이 올라갈수록 빛을 발합니다. 계산을 틀리지 않는 건 수학 기초공사에서 아주 중요한 부분이니 결코 간과하시면 안 됩니다.

그런데 연산에만 너무 집착해 시간을 쏟으면 안 됩니다. 완벽하게 한 문제도 안 틀릴 때까지 연산만 계속 파고드는 집도 있는데, 그것보다는 어느 정도 수준에 오르면 매일 조금씩 다음 스텝의 수학과 병행하는 게 좋아요. 사고력 수학도 해야 하고, 학년 문제집 진도도 나가야 하고, 수학도서도 읽어야 하는데 연산에서 너무 많은 시간을 쓰시면 안 됩니다. 또 연산은 굉장히 지루해요. 연산에서 완벽함을 강요하다 수학을 싫어하게 되는 경우도 많습니다.

사고력 수학은 난이도가 높은 단계에서는 엄마표 수학만으로 대비하기 어려운 영역이에요. 향후 이공계를 지원할 아이라면 초등학교 고학년 때까지 사고력학원에 주1회 정도 보내는 게 좋아요. 보통 『Problem-Solving Strategies』까지 풀면 초등학교 수준의 사고력 수학 분야에선 최상의 영역까지 도달했다고 볼 수 있어요. 만일 내신과 수능 쪽에 좀 더 집중하실 계획이라면 최상위 단계까지 도달하지 않아도 되니 너무 걱정하지 않으셔도 됩니다.

사고력 수학은 관련 문제집도 좋지만 수학도서를 통해 자연스럽게 익힐 수 있어요. 사고력 수학에 많은 시간을 쓸 수 없는 상황이라면 아이가 여가시간에 재밌게 수학도서를 읽을 수 있도록 유도하는 방법도 있어요.

✏️ 재능보다 중요한 후천적 노력

저도 한때 우리 아들이 수학을 잘하기 전에는 '수학영재' '수학천재'라는 이야기가 먼 나라 일처럼 느껴졌어요. 엄청난 천재, 타고난 두뇌 등 평범한 우리와는 다른 세상이라고 생각했죠. 그런데 막상 해보니 영재라고 불리는 친구들과 실력의 격차가 점점 좁혀지기 시작했어요. 그들과 실력이 비등해지고, 급기야는 능가하는 이변이 일어나면서 제가 깨달은 건 '수학영재는 타고난 재능도 필요하지만 노력이 훨씬 더 중요하다.' 하는 것입니다.

물론 한 분야에서 영재 소리를 듣기 위해서는 정말 열심히 노력해야 합니다. 하지만 재능이 다가 아니라는 건 분명한 사실이에요. 수학영재라는 자리는 특별한 아이만 누리는 자리가 아니라 후천적으로 길러진다는 걸 경험을 통해 깨달았죠. 그러니 겁먹지 말고 일단 시작해보세요.

수학을 너무 사랑하고 수학을 잘하기 위해 스스로 노력하는 친구들의 공통점은 무엇일까요? 수학을 통해 짜릿한 성취감을 경험했다는 겁니다. 1등 또는 금상이 아니어도 괜찮아요. 작은 성취감이 쌓이고 쌓이면 확고한 자신감을 갖게 되더라고요. 그러니 성취감을 느낄 수 있는 그런 작은 경험부터 만들어주는 게 정말 중요해요. 일단 불이 붙으면 친구들보다 잘하고 싶어 눈만 뜨면 수학에 매달리는 현상도 생겨요.

또한 부모님의 칭찬과 격려는 정말 중요한 원동력입니다. 원래 제 아이는 외국어에 재능을 보여 문과 쪽으로 진로를 생각하고 있었는데, 주변에서 '얼마나 더 잘하나 보자.' '너 정도면 금상은 떼 놓은 당상이겠지?' 하는 식으로 결과에 대한 부담감을 주자 점점 외국어에 흥미를 잃더라고요. 반면 수학은 주위에 경쟁자도 많고, 저도 아들이 그렇게까지 잘할 거라고 기대하지 않았기 때문에 잘하든 못하든 칭찬을 정말 많이 해

수학에 강한 아이를 만드는 초등 수학 공부법

췄어요. 그러다 보니 스트레스 없이 공부하게 되고, 자연스럽게 수학을 좋아하는 아이로 자라더라고요.

자녀가 정말 수학영재가 되길 바란다면 칭찬과 격려로 희망의 불씨를 지펴주세요. 아이가 꿈을 이룰 수 있게 도와주세요. 엄마와 아이가 함께 같은 목표를 바라보며 노력한다면 수학영재, 그 이상의 일도 해낼 거예요.

KEY POINT

초등학교 때는 연산 수학, 사고력 수학, 기초 수학 3박자의 조화가 필요해요. 생각보다 많은 분들이 '수학'이라고 하면 그냥 뭉뚱그려서 생각하시는 경우가 많더라고요. 어떤 것부터 먼저 해야 하는지, 그리고 어디까지 해야 하며 우선순위는 무엇인지 정확히 파악하셔야 합니다. 수학영재라는 자리는 특별한 아이만 누리는 자리가 아니라 후천적으로 길러진다는 걸 경험을 통해 깨달았죠. 그러니 겁먹지 말고 일단 시작해보세요.

수학올림피아드에서
1년 만에 금상 받은 비결

KMO
정복하기

KMO, 즉 한국수학올림피아드를 고려하고 계시다면 궁금한 게 많으실 겁니다. 준비는 어떻게 해야 하는지, 기간은 얼마나 걸리고 교재는 어떤 걸 써야 하는지, 꼭 고액의 학원비를 투자해야 하는지 등 고민이 많으시죠. 제 아들은 초등학교 6학년부터 시작해 1년 정도 준비해서 중학교 1학년 때 KMO 1차에

수학에 강한 아이를 만드는 초등 수학 공부법

이어 2차에서 금상을 받았는데요. 그때의 경험을 바탕으로 공부 방법과 비법, 교재 등에 대해 자세히 말씀드릴게요. 여러분이 어떻게 준비하면 보다 효율적인지, 그리고 영재고에 입학하기 위해서는 어느 정도까지 준비해야 할지 찬찬히 알아보겠습니다.

먼저 KMO 1차와 2차의 차이점에 대해 아셔야 해요. 1차는 중학교 심화과정과 수학 상·하까지 이해한 상태라면 상대적으로 어렵지 않은 편이에요. 그런데 2차는 서술형까지 있어서 난이도가 1차에 비해 기하급수적으로 높아집니다. 만일 2차까지 준비할 계획이라면 마음을 단단히 잡으셔야 합니다.

KMO는 기하, 대수, 정수, 조합 이렇게 네 가지 영역으로 구분합니다. 차례대로 알아보겠습니다.

1. 기하

먼저 기하는 중학교 문제집에서 심화 수준 문제까지 무난하게 풀 수 있다면 생각보다 빠르게 정복할 수 있는데요. 많이 들어보셨을 텐데 『평면기하의 아이디어』라는 기하의 필독서를 완독하시면 좋아요. 저희 아이도 이 책의 도움을 굉장히 많이 받았고, KMO에서 좋은 성과를 얻은 주변 다른 아이들도 대부분 이 책을 이용했다고 하더라고요.『평면기하의 아이디어』
와 더불어『KMO BIBLE 한국수학올림피아드 바이블 프리미
엄』기하 부분을 보는 것도 도움이 되고, 마지막으로 기출문제
로 마무리하면 충분히 좋은 점수를 받을 수 있을 거예요.

2. 대수

대수의 경우 수학 상·하까지 선행학습하는 친구도 있고, 수
학 I 까지 끝내고 오는 경우도 있는데요. 저희는 수학 상·하를
끝내고 수학 I은 KMO 2차에 필요한 부분만 골라서 공부했어
요. 수학 I 까지 수월하다면 기반은 마련한 셈이에요.『올림피
아드 수학의 지름길』이라는 교재는 난이도에 따라 '중급-상'
'중급-하'로 나뉘는데요. '중급-상'은 1차에 좀 더 유리하고,
'중급-하'는 나중에 2차를 준비할 때 공부하시면 됩니다. 이후
에는『KMO BIBLE 한국수학올림피아드 바이블 프리미엄』대
수 부분과 기출문제로 대비하시면 됩니다.

3. 정수

정수의 경우에는『수학 올림피아드를 위한 마두식의 정수
론』을 풀면서 기초와 심화까지 아우를 수 있어 좋았고요. 제 아

수학에 강한 아이를 만드는 초등 수학 공부법

이는 풀지 않았지만 『KMO 수학경시 정수론』도 굉장히 유명하더라고요. 이후에는 마찬가지로 『KMO BIBLE 한국수학올림피아드 바이블 프리미엄』 정수 부분과 기출문제로 대비했습니다.

4. 조합

저희 아이의 경우 조합은 1차는 괜찮았는데 2차를 준비할 때는 무척 애를 먹었어요. 교재로는 『경시대회 수학 조합의 길잡이』 『조합론』이 있는데, 이론서로 유명한 『조합론』의 도움을 많이 받았습니다. 조합의 경우 시험장에서 아는 문제가 나왔을 경우 그걸 먼저 푸는 게 좋고요. 만약 문제의 난이도가 높다면 제일 마지막에 푸는 게 좋습니다. 조합은 쉽게 풀리는 문제도 있지만 때때로 시간을 한정 없이 써도 풀리지 않는 난제도 출제되기 때문입니다. KMO는 설령 문제를 다 풀었다 해도 서술에서 정확도가 떨어지면 금상을 받을 수 없다는 점, 기억해두시기 바랍니다.

KMO를 준비하신다면 어느 정도 공부를 미리 시키고 학원에 보내는 게 좋아요. 아무것도 모른 상태로 가면 학원에서 의기소침해지기 쉽고, 어느 정도 실력이 있으면 톱반 아이들과 선의의 경쟁을 펼치면서 굉장히 재미있게 공부할 수 있어요. 학원에서 가르치는 내용만 공부하면 성과가 가시적으로 나오지 않아서 약간 슬럼프가 올 수 있어요. 따로 유명한 문제집을 풀면서 자습하는 시간도 필요해요. 서점에 가서 문제집을 둘러보시면 아시겠지만 몇몇 문제집은 학원에서 제공하는 교재와 상당히 유사합니다. 학원에서 교재를 만들 때 시중에 있는 문제집을 참고하기 때문인데요. 학원 교재뿐만 아니라 다른 유형의 문제집도 병행해서 풀게 하니 성적이 오르는 재미도 느끼면서 KMO에 빠르게 진입할 수 있었어요.

성적이 빠르게 좋아지자 주변 친구들과 엄마들 사이에서 제 아들이 비밀과외를 받고 있는 것 같다는 소문까지 돌더라고요. 아들은 자신만의 비밀무기가 생긴 것처럼 뿌듯해하고 좋아했습니다. 물론 KMO 자체가 난이도가 높기 때문에 문제집을 무리하게 많이 풀게 하시면 안 됩니다. 시중에 있는 유명한 문제집을 전부 다 풀어야 하는 것도 아니고요. 부족하거나 좀 더 알고 싶은 부분만 발췌해 푸는 것만으로도 큰 도움이 됩니다.

마지막으로 시험보기 1~2주 전에는 학원에 가지 않고 오답노트만 쭉 훑어보는 시간을 가졌어요. 그렇게 약점을 보완하

수학에 강한 아이를 만드는 초등 수학 공부법

기 위해 노력하니 고득점을 받고 오더라고요.

학원과의 궁합도 중요합니다. 학원이 다 비슷비슷한 것 같아도 선생님과 호흡이 잘 맞아야 아이도 공부에 흥미를 붙일수 있어요. 아마 학원에 보내면 모의시험을 보고 아이들끼리순위를 매길 텐데요. 학원에서 보통 AIME 기출문제를 테스트용으로 활용하더라고요. AIME 교재를 구입해 따로 공부하는것도 남몰래 성적을 올리는 필살기가 될 수 있어요.

옛날과는 달리 이제는 KMO가 반드시 필요한 스펙이 아니기 때문에 아이가 경시대회를 부담스러워한다면 내신에 집중하시는 편이 낫습니다. KMO 1차 시험만 치르고 영재고 대비반으로 전환하는 아이들도 많고요.

KEY POINT

KMO를 준비하신다면 어느 정도 공부를 미리 시키시고 학원에 보내는 게 좋아요. 아무것도 모른 상태로 가면 학원에서 의기소침해지기 쉽고, 어느 정도 실력이 있으면 톱반 아이들과 선의의 경쟁을 펼치면서 굉장히 재미있게 공부할수 있어요. 학원에서 가르치는 내용만 공부하면 성과가 가시적으로 나오지 않아서 약간 슬럼프가 올 수 있어요. 따로 유명한 문제집을 풀면서 자습하는 시간도 필요해요.

학원에서 알려주지 않는
영재고 준비반의 함정

학원에서 절대 알려주지 않는 영재고 준비반의 함정에 대해서 말씀드릴게요. 얼마 전 영재고를 준비하다가 자사고에 간 고2 학생의 학부모님께서 너무 후회된다며 상담을 요청한 적이 있어요. 영재고를 준비하다 나중에 후회하는 비슷한 사례가 굉장히 많은데요. 학원에서는 리스크에 대해 절대 말해주지 않거든요. 나중에 학년이 올라가서 현실을 깨닫고 당황하고 후회하고 힘들어하는 학부모들이 많으세요. 여러분은 이런 부분을 꼭 알고 준비하셨으면 하는 바람입니다.

수학에 강한 아이를 만드는 초등 수학 공부법

✏️ 영재고 준비반
A to Z

먼저 영재고 준비반을 개설하고 운영하고 있는 학원의 설명회에 가면 합격자 명단을 자랑스럽게 공개하면서 높은 합격률이라며 장황하게 설명합니다. 절대 그 자리에서 홀리듯이 등록하시면 안 됩니다. 학원은 영재고 준비반에서 가르치는 내용이 고등학교 내신, 수능과 얼마만큼 연관성이 있고, 또 어떤 위험성이 있는지 전혀 언급하지 않아요.

예를 들어 영재고 준비반에서는 KMO를 위해 대수, 기하, 정수, 조합을 굉장히 깊게 파고듭니다. 대수와 기하는 중학교, 고등학교 교과 수학과 어느 정도 연계가 되지만 문제는 정수와 조합이에요. 영재고 준비반에서 가르치는 정수와 조합은 대학 수학까지 범위에 들어가기 때문에 고등학교 내신, 수능과는 결이 많이 다릅니다. 즉 불필요한 영역까지 공부하는 거죠. 과학도 마찬가지예요. 물리, 화학, 생물, 지구과학도 고등학교 내신, 수능보다 훨씬 깊이 있게 배웁니다. 특히 일반물리, 일반화학은 대학 과정까지 이어지기 때문에 영재고에 합격한다면야 금상첨화겠지만 합격하지 못하면 큰 낭패를 보게 됩니다.

다른 학생들이 자사고, 특목고 혹은 일반적인 고등학교를 준비하면서 내신과 수능에 초점을 맞춰 탄탄하게 국영수를 다질 때, 영재고 준비반 아이들은 수능을 상회한 범위를 학습하는 데 시간을 씁니다. 영재고에 불합격하면 다시 출발선으로 돌아와 내신과 수능을 준비해야 합니다. 우리 때와 다르게 요즘 고등학교는 공부만 하지 않아요. 각종 수행평가, 동아리 활동, 대외활동 등 해야 할 일이 너무 많다 보니 시간에 쫓기게 됩니다.

'영재고 준비반이면 이미 공부 잘하는 아이일 텐데, 일반 고등학교에 가더라도 걱정 없지 않나요?' 하는 의문이 드실 겁니다. 맞아요. 영재고 준비반 학생들은 초중학교 때 다른 아이들보다 뛰어난 학업 성취도를 자랑했을 거예요. 문제는 영재고 준비반 아이들이 수능 범위를 벗어난 부분까지 공부할 동안, 수능에 초점을 맞춰 공부한 다른 아이들이 빠르게 치고 올라온다는 겁니다. 결국 성적이 비슷해지거나 따라잡힌다는 거예요. 그래서 영재고를 준비했던 아이들은 고등학교 2~3학년 시기에 굉장히 힘들어하고 박탈감을 느낍니다. 특히 수학, 과학만 너무 파고들어 국어, 영어에 약한 모습을 보이는 친구들은 내신에서 최상위권에 들지 못해 괴로워하는 경우가 종종 있어요.

수학에 강한 아이를 만드는 초등 수학 공부법

그러니까 여러분이 반드시 아셔야 하는 부분은 학원의 말만 너무 믿지 말라는 것입니다. 사실 KMO 금상을 받고 IMO 국가대표에 뽑힐 정도가 되면 해외 대학 입시에서도 큰 스펙이 되고, 학교에서도 적극적으로 밀어주기 때문에 좋은 대학에 합격할 확률이 높아요. 그런데 당연한 이야기지만 모든 아이들이 KMO에서 금상을 받고 IMO에 출전하는 것은 아닙니다. 만약 영재고에 합격하지 못하면 애써 노력해서 얻은 경시대회 실적과 같은 부분은 스펙으로 활용하기 애매해질 수 있어요. 예전에는 대학교에서 KMO 실적으로 가산점을 주던 때도 있었지만, 현재는 대입 전형에 활용할 수 없는 상황입니다. 영재고 준비반 아이들보다 수학 실력은 좀 떨어지더라도, 대입 전형에 맞춰 계획을 잘 세운 아이들이 시간과 노력 대비 더 좋은 대학에 가는 것이죠.

자녀의 꿈과 진로를 파악하시고, 목표로 하는 대학의 특성을 먼저 이해하실 필요가 있어요. 무작정 영재고를 목표로 하는 것은 지양하셔야 해요. 두 마리 토끼를 다 잡을 수 있다면야 금상첨화겠지만, 혹여 우리 아이가 경시대회를 준비하느라 수능과 수시에서 더 좋은 대학에 갈 수 있는 기회를 놓치는 것은 아닌지 체크해보셨으면 해요.

학원은 합격자 수와 진도에 급급하기 때문에 한쪽으로 치우친 경향이 있어요. 이러한 방향의 학습 지도가 과연 우리 아이 진로에 도움이 될지 다시 한번 고민해보시기 바랍니다. 아이의 성향과 역량이 학원의 방향성과 부합해 시너지를 낸다면, 그리하여 영재고에 합격한다면 무엇보다 좋을 거예요. 세상에 100%란 없습니다. 학원비를 아무리 많이 써도 100% 합격이 보장될 수는 없어요. 우리 아이가 상처받지 않고 어떤 방향으로 공부해야 효율적으로 희망하는 대학에 합격할 수 있을지 고민이 필요한 때입니다.

KEY POINT

학원은 영재고 준비반에서 가르치는 내용이 고등학교 내신, 수능과 얼마만큼 연관성이 있고, 또 어떤 위험성이 있는지 전혀 언급하지 않아요. 자녀의 꿈과 진로를 파악하시고, 목표로 하는 대학의 특성을 먼저 이해하실 필요가 있어요. 무작정 영재고를 목표로 하는 것은 지양하셔야 해요.

수학에 강한 아이를 만드는 초등 수학 공부법

수학도서의
놀라운 힘

앞서 여러 차례 수학도서의 중요성을 강조한 바 있는데요. 초등학교 시기에는 수학도서를 통해 아이가 수학에 흥미를 보일 수 있게 유도하셔야 해요. 어떤 책이든 상관없어요. 우리 아이에게 필요한 부분이란 생각이 드시면 독서를 권하시면 되고, 아니라면 다른 책으로 넘어가시면 됩니다. 특히 이공계를 목표로 하는 아이라면 수학도서 독서에 신경 써주시는 게 좋아요. 수학도서는 사고력 제고는 물론 아이로 하여금 수학과 사랑에 빠지게 하는 놀라운 저력을 갖고 있거든요.

수학도서는 수학적인 내용을 머릿속에서 상상하게 만들고, 단순히 연산하고 풀어내는 것뿐만 아니라 수학적 담론을 입체적으로 사고하게 만드는 효과가 있습니다. 수학도서는 창의력과 사고력을 자극하는 흥미진진한 내용이 많아 수학에 재미를 느끼지 못하는 아이도 즐겁게 읽을 수 있어요.

계산하고 문제만 푸는 수학은 어른도 지루하고 지겹습니다. 초등학생 아이가 재미를 붙이기란 쉽지 않죠. 그러니 수학을 실생활에 응용하고 적용하는 내용을 담은 수학도서를 통해 아이가 수학을 친밀하게 느낄 수 있도록 도와주세요. 수학도서를 많이 읽으면 수학적 사고뿐만 아니라 문해력까지 상승합니다. 우리 아이를 수학영재로 키우시고 싶다면 꼭 필요한 과정이라 생각해요.

🖊 수학도서 정독 vs. 다독

그럼 수학도서는 한두 권씩 정독하는 게 좋을까요, 아니면 될 수 있는 대로 많이 읽는 다독이 좋을까요? 일반 책 읽기와 마찬가지로 아이 성향에 맞춰 아이가 좋아하는 방식을 선택하시면 됩니다. 독서는 공부와 달리 놀이활동처럼 접근하셔야 해요. 한 달에 몇 권, 한 주에 몇 권 이런 식이 아니라 산책하는 느낌으로 여유 있게 독서하도록 환경을 조성해주세요. 아이가 수학을 좋아하고 흥미를 느끼게 하는 데 역점을 두는 게 좋아요.

최근 뜨겁게 떠오른 창업 아이템 중 하나가 '가짜 여행'이라고 해요. 여행이면 여행이지 가짜 여행은 또 뭘까요? 코로나19로 해외여행이 제한되면서 생긴 트렌드인데요. 경제적으로 여유가 없거나 바빠서 시간을 낼 수 없는 경우 공항 접수처나 비행기 기내를 재현한 카페, 전시회, 호텔 등을 찾아가 실제 여행을 가는 것처럼 기분을 내고 온다고 합니다. 다음은 〈조선일보〉 2021년 2월 10일 기사입니다.

비행기에 탑승한 듯한 경험을 주는 전시회와 호텔까지 등장했다. 대학생 김현지(24)씨는 지난달 공항 콘셉트의 전시가 열리는 서울 성동구의 한 미술관을 찾았다. 미술관은 안내 데스크를 공항 접수창구처럼 꾸몄고, 입장권 대신 모조 비행기 티켓과 작은 여권을 나눠줬다. 기념품점에도 면세(duty free)라는 이름을 붙였다. 서울 중구의 한 호텔은 작년 11월부터 해외

여행 콘셉트의 패키지 상품을 팔고 있다. 호텔 체크인을 할 때 항공권처럼 생긴 티켓과 안대, 담요 등을 나눠주고 호텔 곳곳에서 사진을 찍을 수 있도록 프랑스 파리를 배경으로 한 공간을 꾸며놓았다.

다독이 꼭 좋은 것만은 아닙니다. '가짜 여행'이 인기를 끄는 이유는 실제로 여행을 가는 기분, 즉 몰입의 힘 때문인데요. 한 권의 책을 읽더라도 수학의 세계에 푹 빠져들어 여행하고 돌아오는 느낌이 든다면 그것만으로 충분합니다. 아이가 수학을 사랑하게 된다면 같은 책을 한 달이고 두 달이고 닳도록 봐도 상관없습니다. 그렇게 부담 없이, 숙제처럼 읽어야 한다는 강박관념 없이 스스로 책을 찾으면 반은 성공한 거예요.

어떤 분들은 경제적으로 부담을 줄이기 위해 다른 친구 엄마와 1/N로 나눠 책을 구매하기도 하고, 중고서점이나 도서관을 이용하기도 하는데요. 형편에 맞게 책을 구입하거나 대여해서 보시면 됩니다.

보통 엄마들이 자주 하시는 실수가 장문의 '독후감'을 강요하는 건데요. 독후감을 써야 한다는 부담감 때문에 책 읽기를 싫어하는 경우도 있으니, 꼭 필요하지 않다면 간단하게 중요한

수학에 강한 아이를 만드는 초등 수학 공부법

부분만 요약하는 식으로 부담을 덜어주세요.

독서의 힘은 수차례 강조해도 부족할 만큼 정말 놀랍습니다. 초등학생 시기에는 생각을 많이 하게 해주고 사고력을 증진시켜야 합니다. 생각하는 힘, 사고력 증진에 가장 도움이 되는 게 바로 독서입니다. 공부는 암기만 해서는 잘할 수 없습니다. 특히 수학이란 과목은 생각하는 힘이 필요해요. 그런데 안타깝게도 아이들은 학원에서 암기 위주로 학습합니다. 초등학교 시기에 사고력을 키우지 않고 암기만 하면 공부에 들인 시간에 비해 결과는 나쁠 수밖에 없어요.

수학과 관련된 책을 읽다 보면 수학을 공부로 느끼지 않고 좋아할 뿐만 아니라, 어느 순간 이상하리만큼 수학을 잘하는 아이가 될 거예요. 수학도서를 많이 읽은 아이는 문제를 풀 때도 다른 아이들과 접근하는 방식 자체가 다릅니다. 수학을 진정 좋아하고 잘하는 아이로 키우고 싶다면 꼭 수학도서를 권장해주세요. 아이가 놀이처럼 독서를 즐기게 된다면 반은 성공하신 겁니다.

수학에 강한 아이를 만드는 초등 수학 공부법

문제집 잘 푸는
상위 1%의 노하우

⊕

⊖

⊗

⊘

이번에는 수학 문제집 잘 푸는 요령에 대해 말씀드릴게요.

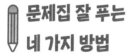 문제집 잘 푸는
네 가지 방법

내신에 강한 아이, 수능에서 1등급을 받는 아이가 되기 위
해서는 수학 문제집 한 권도 허투루 풀고 넘어가서는 안 됩니

다. 몇 가지 비법을 알려드릴 테니 잘 활용하셔서 목표한 만큼 성적이 잘 나오셨으면 좋겠습니다.

1. 틀린 문제는 3번까지 다시 보기

채점을 해보고 틀린 부분이 있으면 어떻게 하시나요? 보통은 해설이니 인강을 보고 다시 푼 다음 그냥 넘어가실 거예요. 틀린 문제는 반드시 꼭 오답노트에 정리해 최소 3번은 다시 보셔야 해요. 수학 문제집을 푼다는 건 내가 아는 개념과 잘 모르는 개념을 확인하는 작업이기도 합니다. 그렇기에 채점을 해서 틀린 부분을 체크해야 공부해야 할 부분이 보입니다. 틀린 문제는 또 틀릴 확률이 높기 때문에 자주 헷갈리는 유형의 문제가 있다면 눈에 잘 보이는 책상이나 냉장고, 화장실 문 등에 붙여두세요. 완벽하게 이해해 자신의 것이 되었을 때 하나씩 떼어내면 쾌감과 재미가 쏠쏠합니다. 이런 식으로 자주 틀리는 문제를 반복해서 보면 실수를 반복하지 않을 거예요.

2. 난도 높은 문제, 끝까지 파기

난도가 높은 심화문제가 있다면 한두 문제 정도 추려서 답지를 절대 보여주지 마시고 며칠이고, 일주일이고 풀릴 때까

수학에 강한 아이를 만드는 초등 수학 공부법

지 고민할 시간을 주세요. 이러한 훈련은 수학적 사고력 증진에 큰 도움이 됩니다. 도저히 풀리지 않을 것 같은 문제를 끝까지 포기하지 않고 물고 늘어지는 근성과 끈기를 키워야 상위 0.01%의 수학 실력을 갖게 됩니다. 내신과 수능 수준은 사실 오답노트만 잘 만들어도 충분히 만점을 받을 수 있어요. 반면 고난이도 문제를 자주 다루는 영재원, 영재고, 경시대회 등에서는 이런 과정을 거치지 않으면 최상위권이 될 수 없습니다.

3. 틀린 문제 설명하기

틀린 문제를 친구나 부모님 앞에서 설명하는 연습을 병행해주세요. 설명할 수 없다면 이해한 것이 아니란 말이 있죠. 마치 강연하듯이 문제풀이를 설명함으로써 관련 내용을 보다 더 깊이 있게 숙지할 수 있어요. 대학 부설 영재원이나 영재고, 해외 유수의 명문대학 면접시험은 주어진 문제를 교수님 앞에서 칠판으로 풀이하는 식으로 진행되는데요. 왜 이런 결과가 나왔는지 설명하고 교수님이 다시 질문하면 답하는 식으로 진행됩니다. 풀이가 괜찮으면 교수님이 즉석에서 다른 문제를 제시하기도 합니다. 틀린 문제를 설명하는 훈련이 잘되어 있는 아이들은 교수님 앞에서도 어려움 없이 문제를 해설합니다.

4. 때로는 시험처럼 시간을 정해두고 풀기

때로는 시험처럼 시간을 정해두고 기출문제를 풀어보세요. 시험 결과에 따라 아이가 보완해야 하는 약한 파트는 어디인지, 또는 반복적으로 틀리는 유형의 문제는 무엇인지 명료하게 정리됩니다. 아이에게 약점이라 할 만한 부분만 모아 정리해서 훑어보면 실력을 효율적으로 키울 수 있어요.

이렇게 네 가지 방법을 활용해 문제집을 푸시면 실력을 효과적으로 높일 수 있습니다.

📝 동기 부여가 관건

보통 마음이 좀 급하신 분들은 유명한 교재를 한꺼번에 많이 구입해놓고 아이에게 한 권씩 풀게 하는데요. 제가 추천 드리는 방법은 한 권씩만 구입하고 다 풀면 잘했다고 시상도 하고 칭찬도 하는 거예요. 그리고 서점에 같이 가서 그다음 난이도의 문제집을 함께 고르는 겁니다. 돌아오는 길에 맛있는 것

수학에 강한 아이를 만드는 초등 수학 공부법

도 먹고 칭찬도 하고 도란도란 즐거운 시간을 보내는 거예요. 아이에게 이만한 동기 부여가 또 있을까요? 아이는 힘을 내서 문제집을 또 열심히 풀 것입니다.

이런 식으로 저학년 때는 연산, 현행학습과 관련된 문제집을 푸는 것이 좋아요. 어느 정도 연산, 기초 수학이 익숙해지면 사고력 수학을 병행하면 좋은데요. 저희 아이는 『영재사고력 수학 1031』으로 사고력 수학을 시작했어요. 이후에는 영재원 및 경시대회 대비를 위해 『3% 디딤돌 초등수학 올림피아드』, 기출문제 등을 풀었습니다.

나중에 제일 기분 좋고 하고 싶은 게 수학 문제집 사는 거라고 이야기할 정도가 되면, 이제 아이는 수학을 더 이상 두려워하지 않을 거예요. 나중에 수학을 좋아하고 잘하게 되면 그땐 필요한 만큼 문제집을 여러 권 사셔도 무방합니다.

또 하나의 방법은 경쟁하는 친구와 똑같은 문제집을 구입해서 일주일 뒤에 누가 더 많이 풀었는지 서로 내기하는 방법이에요. 마음에 맞는 친구나 동료 학부모가 계시다면 품앗이처럼 서로 돌아가며 엄마들이 채점도 해주고 공부도 봐주는 식으로 선의의 경쟁을 펼치는 겁니다. 혼자 집중해서 문제를 푸는 것도 좋지만 수준이 비슷한 친구, 형제, 자매가 있다면 경쟁을 통해 좋은 공부 자극을 받을 수 있어요.

아무리 몸에 좋아도 한 번에 많은 양을 먹으면 체하듯이 수학도 한꺼번에 무리수를 두면 질릴 수 있어요. 아이의 상태를 잘 보시고, 칭찬도 자주 해주시면서 여러 가지를 시도해보세요. 우리 아이에게 잘 통하는 방법은 무엇인지, 집중할 수 있는 환경은 어떻게 만들어야 하는지 다각도로 고민하신 다음, 경쟁도 붙이고 용기도 주시면서 수학에 흥미를 붙일 수 있게 유도해주세요. 그러면 어느 순간 무의식적으로 수학에 대한 자신감이 생기고, 문과형 아이가 이과형 아이로 성향이 바뀌기도 해요. 아이의 성향과 성장 속도를 가늠해가며 도와주신다면 수학 정말 잘한다는 이야기가 여기저기서 들리실 거예요.

KEY POINT

문제집 잘 푸는 네 가지 방법은 다음과 같습니다.

1. 틀린 문제는 3번까지 다시 보기
2. 난도 높은 문제, 끝까지 파기
3. 틀린 문제 설명하기
4. 때로는 시험처럼 시간을 정해두고 풀기

수학에 강한 아이를 만드는 초등 수학 공부법

KMO, AIME, 영재고
세 마리 토끼를 잡은 방법

KMO 시험을 준비하면 KMO뿐만 아니라 영재고 대비는 물론, 영어로 치르는 AMC, AIME, USAMO 시험까지 한꺼번에 준비할 수 있어요. AMC, AIME, USAMO는 쉽게 말해 미국 수학경시대회인데요. KMO와 시험이 거의 유사해서 KMO를 잘 준비하면 시간을 따로 들이지 않고 기출문제만 풀어도 높은 점수를 받을 수 있어요. 이 시험들은 해외 명문대에 지원할 때 굉장히 훌륭한 스펙이 되기 때문에 좋은 성적을 받으면 나중에 큰 도움이 됩니다. 더불어 해외 석사 지원 시 위 스펙들이 합격률을 높여주니 준비해두면 좋아요.

옥스퍼드대학 이과계열 지원 시 보게 되는 MAT 시험이나, 케임브리지대학 지원 시 보게 되는 STEP 시험도 KMO와 큰 연관이 있어요. KMO에서 좋은 성적을 받으면 기출문제만 풀어도 최상위 점수를 받을 수 있어요. KMO 하나만 잘 준비하면 AMC, AIME, MAT, STEP 등을 모두 아우르는 셈이죠.

비슷한 듯 다른 준비 과정

우선 AMC, AIME, USAMO에 대해 쉽게 설명하면 먼저 AMC(American Mathematics Compeititons)는 미국수학협회가 주최하는 미국을 대표하는 가장 대표적인 수학경시대회입니다. 여기서 상위권에 들면 AIME(American Invitational Mathematics Examination)에 응시할 자격이 주어지고, AMC와 AIME에서 우수한 성적을 기록하면 USAMO(United States of America Mathematical Olympiad)로 초대됩니다.

AIME는 KMO 1차와 준비 과정이 거의 비슷한데요. 중등

수학에 강한 아이를 만드는 초등 수학 공부법

심화과정과 수학 상·하까지 선행학습한 뒤, 미국수학협회 사이트에서 제공하는 기출문제를 풀면 됩니다. 미국수학협회 사이트에서 해설과 답까지 친절하게 제공하고 있으니 큰 어려움은 없으실 거예요. 더불어 KMO 1차 기출문제와 AIME 기출문제를 호환해서 풀어보면 각각의 시험에서 더 완벽한 점수를 받으실 수 있어요. 대치동 유명 학원에서도 KMO 1차를 준비할 때 모의고사로 AIME 기출문제를 자주 활용할 정도로 유형이 유사한 편입니다.

영재고를 준비한다면 이 과정에서 영재고 기출문제와 사고력 수학을 병행하시면 됩니다. KMO 1차 하나로 비슷한 듯 다른 두 가지(AIME, 영재고 입시)를 동시에 준비할 수 있어요(지원하는 영재고에 따라 준비 과정이 다를 수 있습니다).

KMO 2차는 AIME 다음 단계인 USAMO를 준비하는 데 도움이 됩니다. USAMO는 미국이나 세계 유수 대학에서 인정하는 시험이기 때문에 해외 대학 진학을 준비 중인 학생이라면 시험을 보시는 것이 좋아요. MIT 대학은 아예 AMC, AIME 점수를 'Common Application' 수상내역에 적게 되어 있을 만큼 이 부분은 이공계 학생에겐 무척 중요한 스펙이에요. 당연히 USAMO나 KMO 금상, 더 나아가 IMO까지 수상하면 해외 명문대에 합격할 가능성이 높아집니다. 더불어 옥스퍼드대학, 케임브리지대학 이과계열 지원 시 치르는 MAT와 STEP 시험에도 도움이 된다고 말씀드렸는데요. 제 아들이 MAT에서 만점에 가까운 점수를 받은 비결도 KMO 1·2차를 잘 준비한 덕분이었습니다.

참고로 옥스퍼느대학의 MAT 커트라인은 60점대인데요. KMO를 공부했다면 무리 없이 고득점이 받을 수 있으니, 해외 대학을 고려하신다면 KMO를 준비하시기 바랍니다.

AMC와 AIME의 난이도 차이는?

AMC를 통과해야 AIME를 치를 수 있는데요. AMC에서 고득점을 받았다고 해서 AIME까지 고득점이 담보되는 것은 아닙니다. 왜냐하면 문제 유형이 굉장히 다르기 때문이에요. 실제로 AMC에서 고득점을 받고 통과해서 AIME에 진출했는데, 한 문제도 풀지 못하고 망연자실해서 포기하는 사례도 종종 있습니다. AMC는 내신 수학의 심화과정까지 배우면 좋은 점

수학에 강한 아이를 만드는 초등 수학 공부법

수를 받을 수 있는 반면, AIME는 KMO 1차 이상의 준비가 되어 있어야 좋은 성적을 받을 수 있거든요. 그러니 이 점을 잘 유의해서 준비해야 해요.

이렇게 해서 AIME까지 통과하면 UASMO 시험을 볼 수 있는 자격을 취득하는데요. 미국 시민권자가 아니면 응시할 수 없는 시험이지만 '진출권'을 획득한 것만으로도 해외 명문대 지원 시 상당히 좋은 스펙이 될 수 있어요. 대학 지원 시 고교 과정만 유효 스펙에 해당되기 때문에 시험은 AMC 10, AMC 12에 지원하셔야 합니다.

우리나라와 미국의 수학 교과과정은 상이하기에 특정 지을 수는 없지만 대략 AMC 10은 우리나라 고등학교 1학년, AMC 12는 우리나라 고등학교 전 과정을 포함한다고 보시면 됩니다. 여기서 한 가지 팁을 드리자면, 미국 교과서로 준비하면 내용이 너무 방대해 시간이 오래 걸리기 때문에 한국 교재로 진도를 빼는 게 훨씬 빠르고 경제적이에요. 중등 심화과정까지 풀고 고등학교 과정은 『실력 수학의 정석』으로 정리한 후, 미국 교과과정을 따로 정리하시는 편이 낫습니다.

AMC 문제 중 21~25문항은 난이도가 꽤 높아 틀릴 확률이 높은데요. 그래서 그 부분 위주로 신경 써서 준비하시면 좋은 점수를 받을 수 있을 거예요. 이렇게 해서 고득점을 받았다면, 이과계열 대학을 지원하는 경우 AIME까지 하시는 게 좋아요. 기출문제는 미국수학협회의 'Art of Problem Solving' 사이트 (artofproblemsolving.com)에서 무료로 제공합니다.

이처럼 어떤 시험을 준비할 때는 그 시험 하나만을 볼 것이 아니라, 해당 시험을 통해 다른 스펙까지 추가로 더 취득할 수 있는지 함께 감안하실 필요가 있어요. 비단 수학올림피아드뿐만 아니라 영재고 준비를 위해 물리, 화학, 생물, 지구과학을 깊이 있게 공부한 학생들은 나중에 해외 대학교 입시와 관련된 AP, IB도 수월하게 준비할 수 있어요. 이런 점을 잘 활용하면 아이가 국내 대학뿐만 아니라 미국, 영국, 중국 등으로 시야를 넓혀 보다 넓은 세상에서 놀며 꿈을 이루게 될 거예요.

KEY POINT

KMO 시험을 준비하면 KMO뿐만 아니라 영재고 대비는 물론, 영어로 치르는 AMC, AIME, USAMO 시험까지 한꺼번에 준비할 수 있어요. 이처럼 어떤 시험을 준비할 때는 그 시험 하나만을 볼 것이 아니라, 해당 시험을 통해 다른 스펙까지 추가로 더 취득할 수 있는지 함께 감안하실 필요가 있어요.

수학에 강한 아이를 만드는 초등 수학 공부법

옥스퍼드대학에서 통하는
수학 공부 비법

"엄마! 기숙사 전체가 캄캄해요. 모두 다 자기 나라로 돌아갔나 봐요. 저는 어떡하죠?"

아들의 전화를 받고 바들바들 떨던 수년 전이 떠오릅니다. 코로나19로 전 세계가 난리가 난 가운데, 제 아들과 친구들은 세상이 어떻게 돌아가는지도 모른 채 과제 준비에 몰두했습니다. 뒤늦게 사태가 심각한 걸 깨닫고 귀국하려 했지만 이미 늦어 비행기표를 구하지 못했고, 텅 빈 캠퍼스엔 아들과 몇몇 친구들만 남게 되었어요. 함께 있던 네덜란드 친구는 본국으로 가다가 코로나19에 걸리느니 차라리 여기서 공부하겠다고 남았다고 해요.

아이를 수학영재로 키우는 방법

그렇게 돌아오라고 말해도 끝까지 남아서 공부하고 싶다며 고집을 부리던 아들이 저는 원망스럽기도 하고 화도 났지만, 한편으로는 이런 생각도 들었습니다.

'도대체 얼마나 학업에 몰두했길래 이 지경까지 왔을까?'

수학이란 과목을 어떻게 이렇게까지 좋아하고 미치도록 사랑하게 되었을까요? 아들의 건강이 걱정되어 울먹이는 상황에서도 이러한 궁금증이 떠나질 않았어요(아들은 다행히 극적으로 마지막 한국행 비행기 티켓을 구해 가족의 품으로 돌아왔습니다). 수학에 전혀 흥미도 없었고, 기본 연산도 곧잘 틀리던 제 아들이

수학에 강한 아이를 만드는 초등 수학 공부법

어떻게 세계적인 석학들에게 극찬을 받으며 옥스퍼드대학에서 공부하게 되었을까요?

먼저 저희 부부는 둘 다 문과여서 수학과는 전혀 관련이 없었습니다. 부모 유전으로 아이가 수학에 관심을 갖게 된 것은 아닙니다. 조기교육으로 수학을 일찍 시작한 것도 아니고요. 의외로 저희 집은 영어만 조기교육을 했습니다. 사실 유전보다는 환경이 중요하다고 생각해요. 좋은 환경을 제공하고 적절한 공부 자극을 유도했기에 기회가 생겼고, 그 기회를 놓치지 않고 잘할 수 있는 방법을 무리하지 않는 선에서 시도했기 때문이라 생각합니다.

보통 아이가 하나일 경우에는 특별한 공부 자극을 받기란 쉽지 않아요. 아이가 7살 때 유치원에서 하원하면 제가 퇴근할 때까지 아는 형네 집에 잠깐 맡기곤 했는데요. 그 형이 수학을 굉장히 잘했나봐요. 그러니까 아이도 형보다 수학을 잘하고 싶은 욕심이 생긴 거죠. 형제자매끼리 선의의 경쟁을 붙여도 좋고, 아이가 수학 공부에 몰입을 할 수 있는 환경을 제공해주세요.

처음부터 아이가 수학에 흥미를 붙이고 열심히 자기주도학습을 실천한다면 정말 좋겠지만, 대부분의 경우 시간이 지나면 자연스레 학습 의욕을 잃습니다. 따라서 아이의 의욕이 식지 않도록 수학이라는 과목의 특징과 공부법에 대해 부모가 잘 이해할 필요가 있어요. 아무리 열정을 갖고 공부해도 성적이 오르지 않으면 아이는 금세 흥미를 잃을 거예요.

방법을 모르고 무작정 시도했다가 성과기 나쁘면 공부 욕구는 사그라집니다. 제가 대학교 1학년 때 다이어트를 해야겠다고 결심했는데, 학교에서 인기 많은 선배에게 물어보니 글쎄 과자랑 매운 떡볶이만 삼시세끼 먹으면 살이 빠진다는 거예요. 지금 생각하면 너무 어처구니없지만 전 그 말을 믿고 실천했고, 살은 더 찌고 머리카락만 우수수 빠지는 대실패를 경험합니다. 그 덕분에 평생 머리숱을 걱정하는 팔자가 되었죠. 공부도 마찬가지입니다. 잘못된 방법이나 아이에게 맞지 않는 방법을 강요하면 수학에 평생 어려움을 느끼게 될지 모릅니다. 초등학교 시기에는 올바른 공부법을 체계적이되 스트레스를 주지 않는 선에서 적용하는 게 중요해요.

처음에는 방법을 잘 몰랐기 때문에 아이 실력도 모른 채 문제집을 사 달라고 하는 게 기특했어요. 그런데 어느 순간 수학 실력은 늘지 않고 문제집만 늘어가고 있는 거예요. 겉으로는 진도가 나가는 것 같지만 막상 실력은 올라가지 않았죠. 나중에 아이가 고백하기를, 그 형만큼 실력을 높이고 싶어서 문제를 좀 풀다가 나머지는 답지를 베꼈다는 거예요. 거의 6개월 이상 헛수고를 한 거죠. 그럼에도 당시에는 수학에 대한 기대감이 없었기에 혼내지 않고 물어봤죠. 정말 수학을 잘하고 싶냐고요. 정말 잘하고 싶대요.

아이가 잘하고 싶다고 눈을 빛내는 모습을 보면서, 저는 이 기회를 잘 살리면 성적을 제대로 올릴 수 있겠다 싶었어요. 그래서 아이의 수준에 맞는 집 근처 학원에 보내서 일단 심화학습과 선행학습을 적절히 병행할 수 있게 유도했어요(주2회 1시간씩 수업하는 곳으로, 커리큘럼은 단순하지만 관심을 많이 써주는 곳이었어요). 수학을 그 정도만 해서는 아이가 원하는 만큼 실력이 오르지 않을 것 같아서 아이와 상의해 집에서는 사고력 및 경시대회 문제집을 풀었어요.

이런 식으로 수학을 공부하다가 어느 날 라이벌 형이 영재원에 들어갔는데 자기도 영재원에 합격하고 싶다는 거예요. 철저하게 준비해서 아이가 영재원에 합격하면 학습 의욕을 좀 더 고취시킬 수 있겠다 싶었죠. '떨어져도 좋은 경험을 했으니 그만이다.' 하는 마음으로 무리하지 않고 딱 그만큼만 준비를 했는데, 다행히 마침 북부교육지원청은 경쟁률이 세지 않아서 초등학교 3학년 때 합격통지서를 받았어요. 이후 아이는 다시 한번 신세계를 경험합니다. 그곳엔 라이벌 형보다 더 똑똑한 고수들, 수학 괴물들이 득실득실했거든요.

수학을 잘하는 친구들과 어울려 지내며 아이는 더 강한 자극을 받습니다. 영재원에 다니는 수학 괴물 친구들에게 물어보니, 하나같이 신기하게도 동네 선배에게 자극을 받아 수학을 시작했다고 하더라고요. 그런 그룹, 그런 환경에 아이가 노출될 수 있도록 부모가 잘 유도하면 큰돈 들이지 않고도 아이의 학습 의욕을 고취시킬 수 있고, 부모가 별로 힘들이지 않고도 아이 스스로 성적을 올리는 선순환이 벌어집니다.

일련의 과정에서 가장 중요하게 생각한 일은 아이가 스트레스 받지 않고 공부하는 것이었어요. 영어를 배울 때는 수학과 달리 같이 경쟁할 친구도 많지 않았지만, 영어로 인해 약간의 유명세를 얻으면서 아이가 극도의 스트레스를 받았죠. 그러자 영어 공부에 대한 흥미도 감소하더라고요. 그런 경험이 있었기에 스트레스 관리에 좀 더 신경을 썼습니다.

수학을 공부하면서 아이는 여러 차례 좌절도 경험합니다. 나름대로 열심히 수학을 했으니까 처음에는 적어도 전국권에서 금상, 은상 정도는 받을 줄 알았다고 해요. 그런데 그게 어디 쉬운 일인가요. 학원 선생님께서 종종 "이러다 대상 나오겠어." 하고 말씀하셨는데 막상 실전에서는 동상, 장려상을 받았죠. 그때부터 아이는 더 불타오르기 시작했어요. 학원에서뿐만 아니라 집에서도 기출문제를 풀고, 최상위 레벨의 문제집을 풀었죠. 모르는 게 생기면 인강에서 찾거나 학원 선생님께 여쭤보며 해결해나갔어요.

이 과정에서 저는 난도가 높은 문제는 타인의 도움 없이 스스로 끝까지 물고 늘어지게 유도했고, 그러한 습관이 자리 잡자 문제해결력을 키우는 데 큰 도움이 되었어요. 경시대회 기출문제가 쉽게 풀리기 시작하자 전국권 대회에서 금상, 은상을 받기 시작했고, 이때부터 본격적으로 KMO를 준비합니다. 그리고 1년 만에 아이는 KMO 1차에 이어 2차에서 최상위 성적을 받으며 금상을 수상합니다.

이러한 성취는 아버지의 주재원 발령으로 갑자기 준비 없이 해외로 나가게 되었을 때 큰 힘을 발휘합니다. 이과 분야에서 가장 높은 수준의 수업을 들을 수 있었고, AP 등 대입에 필요한 스펙도 쉽게 취득할 수 있었어요. 영국 대입에 필요한 MAT 시험을 치를 때도 많은 도움이 되었죠.

결론은 부모가 수학적으로 전혀 재능이 없더라도 상관없다는 거예요. 공부 의욕을 고취시킬 수 있는 환경, 그러니까 형제자매나 지인과 선의의 경쟁을 펼칠 수 있는 환경을 조성해주세요. 잊지 말아야 할 것은 부모가 일방적으로 아이에게 공부를 강요하는 것이 아닌, 아이 스스로 공부 자극을 받은 상태에서 성적을 올릴 수 있도록 아이와 의논하며 공부 방향을 설계해야 한다는 것입니다.

사실 제 아이보다 더 좋은 결과를 내고 있는 친구들도 많기에 이런 부분을 언급하는 게 좀 머쓱하지만, 여러분의 자녀가 수학을 잘하는 아이가 되었으면 하는 마음에서 글을 씁니다. 혹여 말 못 할 사정으로 좌절하고 계신가요? 그 어떤 악조건 속에서도 자녀를 꿋꿋이 믿고 밀어주세요. 부모의 믿음과 사랑으로 아이는 한층 더 멋지게 성장해나갈 거예요.

KEY POINT

사실 유전보다는 환경이 중요하다고 생각해요. 좋은 환경을 제공하고 적절한 공부 자극을 유도했기에 기회가 생겼고, 그 기회를 놓치지 않고 잘할 수 있는 방법을 무리하지 않는 선에서 시도했기 때문이라 생각합니다.

수학에 강한 아이를 만드는 초등 수학 공부법

학원 없이
코딩 전문가가 되다

최근에 학부모들 사이에서 이슈가 되고 있는 주제가 있어요. 바로 '코딩교육 의무화'입니다. 교육부는 2025년부터 코딩 교육을 의무화하고 초등학교, 중학교 정보교과 수업 시간을 2배로 늘리겠다고 밝혔는데요. 초등학교에서는 놀이 식으로 코딩 체험을 유도하고, 중학교에서는 기초 원리와 실생활 문제 중심으로, 고등학교에서는 진로·적성을 고려해 학점제 형태로 코딩 수업을 진행하겠다고 발표한 것입니다. 다음은 〈경향신문〉 2022년 8월 23일 기사입니다.

코딩은 컴퓨터에 사람의 생각을 입히는 작업이다. 외국인과 대화하기 위해 영어를 공용어로 사용하듯 컴퓨터와 소통하기 위해서는 컴퓨터 언어를 알아야 한다. 정보통신과 인공지능 기술을 바탕으로 한 제4차 산업혁명시대에 코딩교육은 중요하다. 개인의 능력 계발이나 디지털 인재 양성을 위해 교육당국이 코딩교육 방안을 강구하는 것은 필요하다. 하지만 교육부의 정책 추진을 보면 우려하지 않을 수 없다. 우선 구체적 교원 확보 방안이 보이지 않는다. (⋯) 코딩교육을 학교 내신이나 대학 입시에 어떻게 반영할지도 불투명하다. 코딩교육을 입시에 반영하지 않으면 교육의 실효성이 떨어질 것이고, 입시에 반영하면 과당 경쟁과 사교육이 발생할 우려가 있다.

코딩이 무엇인지 모르는 경우도 많으시기 때문에 더 두려우실 텐데요. 막연한 공포감을 느끼는 여러분을 위해 뒤늦게 코딩을 시작해 전문가 수준까지 오른 제 아이의 노하우를 공유할게요. 학원에서는 벌써부터 불안감을 조성하는 마케팅을 펼치며 사교육을 유도하고 있는데요. 너무 흔들리지 마시고 다음의 방법을 참고하시기 바랍니다.

수학에 강한 아이를 만드는 초등 수학 공부법

코딩을 효율적으로 공부하는 방법

　초등학교 시기에는 너무 많은 시간을 들여 코딩을 할 필요가 없어요. 초등학교 때는 어차피 즐기듯이 할 수 있는 블록코딩, 즉 게임과 놀이 형태로 코딩을 배웁니다. 나중에 전문가가 되기 위해 배우는 머신러닝, 딥러닝 등 코딩과 깊게 관련되어 있는 부분은 수준 높은 수학적 사고를 요하기 때문에 초등학교 과정과는 무관합니다. 지레 겁먹고 비싼 돈을 들여 코딩을 가르치실 필요는 없어요. 나중에 아이의 진로가 코딩과 직접적인 연관이 있다면 도움이 될 수 있지만, 초등학교 시기에 벌써부터 아이의 전공을 확정 지을 수는 없잖아요? 그렇기에 정말 주요한 핵심 과목(국영수)을 먼저 해두시고, 남는 시간에 코딩을 준비하시는 편이 현명한 것 같아요.

　코딩 교육은 EBS 이솦(www.ebssw.kr)을 제일 많이 이용하는 것 같아요. 이 밖에 스크래치(scratch.mit.edu), 엔트리(playentry.org) 등 코딩을 무료로 배울 수 있는 사이트가 굉장히 많습니다. 만일 아이가 독학에 애를 먹는다면 주1회 정도 가볍게 학원의 도움을 받는 것도 좋아요.

코딩을 배울 때 하나 주의하셔야 하는 부분은 아직 공부습관도 잡히지 않은 아이를 방치하셔서는 안 된다는 것입니다. 코딩에 대해 모르는 저희 부모 세대는 아이가 게임을 하는 건지, 아니면 코딩을 하는 건지 헷갈릴 때가 많아요. 코딩을 공부할 때는 아이 혼자 방에서 컴퓨터를 놓고 작업하게 해서는 안 되고요. 가능한 거실과 같은 통제 가능한 공간에서 공부할 수 있도록 습관을 잘 잡아주세요.

코딩은 프로그램 언어(Programming Language)로서 언어를 배우며 따로 문법도 병행할 필요가 있어요. 프로그램 언어로는 파이선(Python), 자바(Java), C언어가 있고 더 깊이 들어가면 C++, 자바스크립트(Javascript), R 등이 있습니다. 자료구조와 알고리즘을 통해 문법을 알아갈 수 있어요. 초등학교 때는 블록코딩을 통해 좀 편하게 접근하면서 '코딩이 뭐지?' 하는 느낌으로 시작하시면 됩니다. 파이선, 자바, C언어는 중고등학교에 들어가서 배워도 괜찮아요.

만약 아이가 '아, 좀 더 잘하고 싶은데.' '여기서 더 깊이 있게 배우고 싶어.' 하고 생각하는 단계라면 도움이 될 만한 사이트들이 있어요. 제가 소개하는 사이트만 잘 이용하셔도 대학이나 회사 면접까지 수월하게 섭렵할 수 있는 단계에 이르게 될 거

수학에 강한 아이를 만드는 초등 수학 공부법

예요.

먼저 '백준 온라인 저지(www.acmicpc.net)'는 프로그래밍 문제를 풀고 온라인으로 채점받을 수 있는 알고리즘 트레이닝 사이트입니다. 코딩 역량 인증시험 사이트 '프로그래머스(programmers.co.kr)'도 유명하고요. 수준별로 다양한 코딩 문제를 보유한 문제은행 'LeetCode(leetcode.com)'도 유용합니다. 다양한 코딩 문제를 접함으로써 실력을 껑충 높일 수 있어요.

만약 머신러닝을 공부하고 싶다면 이때부터는 수학 공부를 좀 더 진지하게 하셔야 하는데요. 선형대수학, 확률, 통계 등을 섭렵할 필요가 있다고 해요. 어느 정도 수학적인 능력까지 갖춰야 더 깊이 들어갈 수 있습니다. 컴퓨터공학을 전공한 친구들이 한계를 자주 느끼는 때가 '수학 실력'에 발목을 잡힐 때라고 하죠. 그만큼 코딩과 수학은 깊은 연관이 있고 둘 다 꾸준히 공부하면 서로 시너지를 냅니다.

다시 한번 강조하지만 너무 걱정하며 학원에 큰돈을 투자할 필요는 없어요. 수학 실력이 뒷받침되고 코딩 실력이 쌓이면 알아서 관련 논문을 찾고, 오픈소스 코드를 읽고, 더 나아가 딥러닝을 개발하는 경지까지 가게 됩니다. 초등학교 아이에게 그 단계까지는 너무 먼 이야기지만 그냥 차근차근 단계가 있다고 생각하시면 막연히 걱정되는 부분은 좀 줄지 않을까 싶어요.

무엇보다 중요한 건 핵심 과목이에요. 특히 코딩과 직결되는 수학, 그리고 코딩 관련 정보를 취득하는 데 도움이 되는 영어가 중요합니다. 영어를 잘하면 코딩과 관련된 세계적인 논문이나 외국 유튜브, 사이트를 수월히 이용하실 수 있어요. 저희아이도 굉장히 늦게 시작했지만 전문가 수준에 이르기까지 수학과 영어 실력이 큰 도움이 되었다고 해요. 수학과 영어는 대입 준비와 직결되잖아요? 그러니까 핵심 과목을 먼저 배우고, 그다음 곁가지로 코딩을 공부한다고 이해하시면 됩니다.

코딩블록으로 기초부터 시작해 제가 소개해드린 사이트를 보시면서 독학하면 나중에 아이가 학교에서 코딩이 무엇인지몰라 당황하는 일은 없을 거예요. 기초에서부터 고수의 경지까지 코딩교육에 대해 전반적으로 알아봤는데요. 우리 아이에게맞는 환경, 맞는 방법을 잘 선택하시기를 바랍니다.

수학에 강한 아이를 만드는 초등 수학 공부법

초등학교 때는 어차피 즐기듯이 할 수 있는 블록코딩, 즉 게임과 놀이 형태로 코딩을 배웁니다. 너무 걱정하며 학원에 큰돈을 투자할 필요는 없어요. 무엇보다 중요한 건 핵심 과목이에요. 특히 코딩과 직결되는 수학, 그리고 코딩 관련 정보를 취득하는 데 도움이 되는 영어가 중요합니다.

학습 의욕을
고취시키는 방법

성적을 올리는 최고의 방법은 무엇일까요? 바로 '학습 의욕'을 고취하는 것입니다. 어떻게 하면 학습 의욕이 불끈 생길 수 있을까요? 초등학교 저학년 시기에는 아이의 재능을 찾는 시간이 필요해요. 어떤 걸 잘하고 관심 있어 하는지 다양한 활동을 시도해보고 아이가 진짜 좋아하고 잘하는 게 무엇인지 발견하셔야 해요. 그래야 그다음 단계를 진행할 수 있기 때문이죠. 예를 들어 피아노, 미술, 수학, 영어 등을 접하다가 너무 잘하거나 관심을 보이는 분야를 하나 발견하면 더 잘할 수 있도록 도와주는 것입니다. 그 분야에서 성공한 롤모델이나 관련 만화, 영화 등을 보여주며 긍정적인 자극을 주는 게 정말 중요한 것 같아요.

아이가 꿈꾸는 분야가 예술계일 수도 있고 공부일 수도 있겠죠. 이 시기에 공부 습관을 잘 잡아주면 설령 몇 년 뒤 꿈이 또 바뀐다 해도 다른 아이보다 더 빨리 터득하고 잘하게 될 거예요. 아이가 관심을 보이는 분야에 집중하면 의욕이 넘치는 상태에서 시도하기 때문에 시작부터 남다른 성과를 보일 것입니다. 만약 공부와 관련 없거나 다소 허무맹랑한 꿈을 꾼다면 그 꿈을 위한 지름길이 바로 공부라는 것을 일깨워주셔야 해요.

예전에 '공부의 신'이라 불리던 분께 공부를 열심히 해야 하는 이유에 대해 여쭤본 적이 있는데요. 그때 "공부를 잘한다는 건 아스팔트로 포장한 고속도로 위를 달리는 것과 같다."고 했던 말이 굉장히 인상적이었어요. 비포장도로로 가면 울퉁불퉁 힘들고 시간도 오래 걸려서 가다가 포기할 확률이 높아집니다. 하지만 고속도로로 가면 시간도 단축되고 설령 목적지가 변경된다 해도 큰 무리 없이 목적지까지 도달할 수 있죠. 그게 명문대를 가는 이유이고 공부를 꼭 해야 하는 이유라는 겁니다. 설령 목표가 수학자였다가 천문학자가 된다 하더라도 명문대에 가면 좀 더 빠른 지름길 역할을 한다는 뜻입니다.

학습 의욕을 고취시는 방법을 간단히 정리하면 다음의 세 가지입니다.

1. 인정해주기

아무리 나이가 어려도 인생의 주체가 아이 자신이라는 걸 인정해주는 게 정말 중요해요. 그래야 스스로에 대한 책임감도 갖고 부모로부터 인정받는다는 느낌을 받습니다. 이러한 믿음이 아이를 긍정적으로 변화시키더라고요.

물론 서툴고 잘못된 선택과 오판을 할 때도 많죠. 그걸 경험하게 하는 것도 괜찮지만 만약 시도할 때마다 실패한다면 부모님께서 개입해 도움을 주셔야 해요. 부모님께서 밑밥(?)을 깔아놓은 후 아이가 전적으로 자신이 찾고 선택한 것과 같은 느낌을 주는 게 시행착오도 줄이고 자신감도 줄 수 있어서 좋아요. 그러한 경험이 쌓이고 쌓여 조금씩 안목과 선택에 대한 현명한 견해가 생기거든요.

예를 들어 아이 문제집을 고를 때 아이 수준에 맞는 좋은 문제집을 부모님께서 미리 몇 권 알아보신 다음, 아이랑 서점에 가서 "이런저런 문제집이 있는데 어떤 문제집이 좋을 것 같아? 한번 골라볼래?" 하고 물어보시는 겁니다. 부모가 미리 추린 바운더리 안에서 아이에게 선택권을 주면 실패할 확률도 줄어들고, 아이가 주도적이고 책임감 있게 공부하게 될 거예요. 훗날 아이가 부모보다 공부법이나 문제집, 교재, 학원 등을 빠삭하게 아는 시기가 오면 그때는 온전히 믿고 맡기셔도 됩니다.

만일 부모가 다 알아서 찾아서 아이에게 일방적으로 하라고 강요하면, 어릴 때는 그냥 할 수도 있지만 그 반항감이 중학교 때 사춘기로 표출되거나 심지어 대학에 가서 부모와 의절하는 경우도 생겨요. 부모에게 쌓인 좋지 않은 감정을 꾹꾹 눌렀다 나중에 폭발하는 경우가 왕왕 있습니다. 그러니 당장 급한 마음에 이거 해라, 저거 해라 이런 식으로 강요하시면 아이에게 상처가 될 수 있어요.

간혹 아이들이 자주 오해하는 부분이 '부모님은 내가 공부를 잘해야 좋아하나?' 하는 점인데요. 너무 공부 쪽으로만 칭찬과 격려를 쏟으시면 이런 생각이 들 수 있어요. 아이 마음을 잘 헤아려주시면서 "공부를 떠나서 널 믿고 진심으로 사랑한다."라는 말을 꼭 해주세요. 아이들이 진심으로 듣고 싶어 하는 말이니까요.

2. 성공 경험 제공하기

꿈이 큰 것도 좋지만 너무 원대한 무언가를 무리하게 목표로 설정하면 작심삼일이 되는 경우가 많습니다. 시간 대비 해내야 하는 과업이 너무 많으면 부담되고 결국 포기하게 될 때가 많잖아요. 이런 경험이 쌓이면 '난 공부와는 거리가 멀어.' 또는 '나는 해도 안 돼.'라는 생각을 갖게 됩니다. 이럴 때는 아이가 여유 있게 해낼 수 있는 분량을 확인해주시고, 매일 공부한 분량을 눈으로 확인할 수 있게 목표 달성 시 스티커나 'OX'를 달력에 체크해주세요. 나중에 'O' 스티커 50개가 되면 조그만 포상을 해주는 등 꾸준히 관리해주시면 좋은 공부 습관이 몸에 스며듭니다.

아이가 노력해서 성적이 조금이라도 오르면 칭찬도 확실히 해주세요. 성공 경험이 쌓이면 아이가 확실히 변해요. "넌 잘할 수 있어." "네가 해낼 줄 알았어." "이번에도 해냈구나." 하고 칭찬하면 아이는 자신감이 생길 거예요. 초등학생뿐만 아니라 다 큰 어른처럼 보이는 고등학생 때도, 심지어 성인이 되어서도 이런 부분은 정말 필요하더라고요. 저희 아들도 깊은 슬럼프에 빠져 헤어 나오지 못할 때가 있었어요. 그때 옆에서 격려해주고 응원해주자 눈을 반짝이며 기운을 내더라고요. 성향에 따라 성적이 오르는 데 시간이 걸릴 수도 있지만 포기하지 말고 아이에게 적합한 방법으로 인내를 갖고 끝까지 견디며 도와주세요.

수학에 강한 아이를 만드는 초등 수학 공부법

3. 멘토

주변에 집안 환경이 너무 좋아서 공부를 잘한다거나, 훌륭한 친척이나 형제가 있다면 굳이 멘토를 찾을 필요가 없겠죠. 그러나 저희처럼 평범한 사람들은 자녀가 자신의 꿈을 의논하고 현실화하는 데 도움을 줄 수 있는 멘토가 꼭 필요해요. 그러한 멘토를 만난다면 훨씬 더 적극적으로 의욕을 갖고 학업에 열중할 수 있고, 슬럼프도 극복할 수 있어요. 잘 아는 선배 또는 지인에게 부탁해서 멘토링을 부탁해보는 것도 좋아요.

아무리 맛있고 좋은 음식이라 해도 자녀가 먹어줘야 몸에 흡수되어 건강해지는 거잖아요. 우리가 아무리 좋은 학습 전략을 짜고 좋은 학원, 좋은 교재 등을 다 준비한다 해도 학습 의욕이 없으면 아무런 소용이 없겠죠.

절대 속 썩이지 않을 것 같던 아이가 사춘기로 일순간 변모하기도 하고, 입시 스트레스로 삐뚤어지기도 합니다. 많이 속상하시겠지만 지금처럼 최선을 다해 지지해주시면 아이가 꿈에 한 걸음 더 다가가게 될 거예요. 물론 좋은 대학에 들어가도 또 고민할 게 많은 것이 자식 문제지만, 그래도 그 누구보다 열심히 산 우리 스스로를 다독이며 참 잘했다고 칭찬해줍시다.

아직 가보지
않은 길

엄마, 아빠도 부모가 처음이라 예쁜 우리 아이를 어떻게 키워야 할지 설렘 반, 두려움 반이시죠. 어설픈 카더라, 넘쳐나는 교육 정보, 근거 없는 자신감만 주거나 부정적인 마음만 들게 하는 피드백 등에 휘둘려 가끔은 이성을 잃고 오판하거나 헤맬 때가 많습니다. 부모인 우리에게 '아이'라는 존재가 너무 커서, 너무 소중해서 벌어지는 일이죠. 저 또한 그랬고 많은 선배들 또한 그랬습니다.

우리 아이를 가장 잘 키울 수 있는 힘은, 그 원동력은 우리의 사랑과 헌신입니다. 그 어떤 카더라도, 교육 정보도 부모인 우리가 가진 강력한 힘에 비하면 아무것도 아니란 걸 잊지 마세요. 올바른 방향으로 아이에게 맞는 공부법을 찾아 함께 실천하신다면 반드시 놀라운 기적을 경험하게 될 것입니다.

그동안 저는 무수히 많은 수재와 공부를 놓고 방황하는 학생을 만났습니다. 이리저리 뛰어다니며 애쓰는 학부모님들도 많이 만났어요. 그리고 분명한 공식이 존재한다는 걸 깨달았습니다. 능력 있는 부모보다 현명한 부모가 아이들을 좋은 방향으로 발전시키고 더 큰 꿈을 가진 공부 잘하는 아이로 키운다는 사실을요.

이 책은 제 아들로 하여금 수학을 정말 좋아하고 사랑하게 만든 비법을 담고 있지만, 비단 저와 제 아들에게만 국한된 내용은 아니며 여러분과 여러분의 자녀에게도 충분히 적용 가능한 노하우라고 생각해요. 그리고 더 나아가 다른 과목이나 재능을 발견하고 꿈을 성취하는 데 많은 도움이 되리라 확신합니다.

한 가지 꼭 당부 드리고 싶은 것은 너무 완벽하고 좋은 부모가 되려고 애쓸 필요는 없다는 거예요. 그 부담감과 죄책감은 우리를 지치게 할 뿐만 아니라 아이의 마음도 무겁게 합니다. 부족하면 부족한 대로, 못나면 못난 대로 자신을 사랑하고 아이와 함께 씩씩하게 길을 개척해내길 바랍니다.

여러분은 아이가 꿈을 이루는 데 반드시 필요한 가장 소중한 존재입니다. 자신과 아이를 믿고 보다 더 나은 방법으로 꾸준히 공부를 장려하신다면 반드시 성공하실 거예요. 평범하지만 오늘도 아이를 위해 고군분투하시는 이 땅의 수많은 부모님에게 이 책을 바칩니다. 아직 가보지 않은 길, 그 앞에서 망설이시는 부모님들을 드림맘이 응원합니다.

수학에 강한 아이를 만드는 초등 수학 공부법

우리 아이를
가장 잘 키울 수 있는 힘은,
그 원동력은 우리의 사랑과 헌신입니다.

·부록·

드림맘이 당신의 꿈을 응원합니다

유튜브 드림맘 채널은 내 아이 수준에 맞는 공부법과 방향성, 문제집 선택법, 현명하게 사교육 이용하는 방법, 공부 습관 형성 노하우 등 자녀교육을 위한 다양한 콘테츠를 제공합니다. 어떻게 아이를 키워야 할지, 부모로서 공부는 어떻게 도와줘야 할지 혼란스럽고 걱정 많은 학부모님들을 위한 솔루션을 제공합니다.

수학에 강한 아이를 만드는 초등 수학 공부법

 ◀ 유튜브 채널 '드림맘' 바로 가기

수학에 강한 아이를 만드는
초등 수학 공부법

초판 1쇄 발행 2023년 2월 25일

지은이 | 현선경
펴낸곳 | 믹스커피
펴낸이 | 오운영
경영총괄 | 박종명
편집 | 이광민 최윤정 김형욱 양희준
디자인 | 윤지예 이영재
마케팅 | 문준영 이지은 박미애
등록번호 | 제2018-000146호(2018년 1월 23일)
주소 | 04091 서울시 마포구 토정로 222 한국출판콘텐츠센터 319호(신수동)
전화 | (02)719-7735   팩스 | (02)719-7736
이메일 | onobooks2018@naver.com   블로그 | blog.naver.com/onobooks2018

값 | 17,000원
ISBN 979-11-7043-385-9 03590